普通高等教育"十二五"系列教材

电力网继电保护原理学习指导

田有文　编
孙国凯　主审

中国电力出版社
CHINA ELECTRIC POWER PRESS

内 容 提 要

本书为普通高等教育“十二五”系列教材。

本书配套“电力网继电保护原理”课程而编写，主要内容包括两部分：第一部分为电力网继电保护原理习题及补充习题的详细解答；第二部分为电力网继电保护原理实验指导的基本知识，讲述了电力设备和输电线路继电保护的实验原理和方法。

本书可作为普通高等学校电力系统及其自动化、电气工程及其自动化等电类专业的实验指导书或教学参考书，也可供从事继电保护专业的工程技术人员参考。

图书在版编目（CIP）数据

电力网继电保护原理学习指导/田有文编．—北京：中国电力出版社，2012.5（2024.1重印）

普通高等教育“十二五”规划教材

ISBN 978-7-5123-2868-6

Ⅰ.①电… Ⅱ.①田… Ⅲ.①电力系统－继电保护－高等学校－教学参考资料 Ⅳ.①TM77

中国版本图书馆CIP数据核字（2012）第056464号

出版发行：中国电力出版社

地　　址：北京市东城区北京站西街19号（邮政编码100005）

网　　址：http://www.cepp.sgcc.com.cn

责任编辑：牛梦洁（010-63412528）

责任校对：黄　蓓

装帧设计：郝晓燕

责任印制：吴　迪

印　　刷：北京天泽润科贸有限公司

版　　次：2012年5月第一版

印　　次：2024年1月北京第三次印刷

开　　本：787毫米×1092毫米　16开本

印　　张：6.75

字　　数：157千字

定　　价：32.00元

前　言

“电力网继电保护原理”课程是电力系统及其自动化、电气工程及其自动化等电类专业的主要课程，这门课程涉及理论多，而学生和教师对常规保护元件了解较少，缺少实践，因此学习时会有一定困难，为帮助学生学好这门课程，特编写了《电力网继电保护原理学习指导》这本书。

本书可与孙国凯、田有文主编的《电力网继电保护原理》配套使用。全书分为两部分：第一部分第一至八章对《电力网继电保护原理》的习题作了详细解答，为加强理论学习，每章增加了一定数量的补充习题；第二部分为常规元件的继电保护实验及其指导，可作为学生继电保护课程实践教学的指导书。

全书由沈阳农业大学信息与电气工程学院田有文编写，孙国凯教授主审。

由于编者水平和实践经验有限，书中难免有缺点和错误，敬请读者批评指正。

编　者

2011 年 12 月

目　录

第一部分　电力网继电保护原理习题解答

第一章　绪　　论

一、基本内容和学习要点

本章主要介绍继电保护的任务和作用、继电保护的基本要求、继电保护装置的构成及分类。

要了解电力系统的故障和不正常运行状态及引起的后果；掌握继电保护装置概念、继电保护的任务（作用）、原理及组成；熟练掌握对继电保护的基本要求。

二、习题解答

1-1　什么是故障和不正常运行状态？它们之间有何不同，又有何联系？

答：电力系统运行中，电气元件发生短路、断线时的状态称为故障状态。电力系统运行中，电气元件某些运行参数超出正常工作允许范围，称为不正常运行状态。当电力系统发生不正常运行状态时，若不及时处理或处理不当，将引发故障。

1-2　什么是主保护和后备保护？远后备保护和近后备保护有什么区别和特点？

答：主保护是指被保护元件内部发生各种故障时，能满足系统稳定及设备安全要求的、有选择性地切除被保护设备或线路故障的保护。

后备保护是指当主保护或断路器拒绝动作时，用以将故障切除的保护。

远后备保护是指主保护或断路器拒绝动作时，由相邻元件的保护部分实现的后备保护。

近后备保护是指当主保护拒绝动作时，由本元件的另一套保护来实现的后备保护。如当断路器拒绝动作时，由断路器失灵保护实现的后备保护。

1-3　继电保护装置的任务及其基本要求是什么？

答：继电保护的基本任务是：

(1) 自动、迅速、有选择性地将故障元件从电力系统中切除，使故障元件免于继续遭到破坏，保证无故障部分迅速恢复正常运行。

(2) 反应电气元件的不正常运行状态，并根据运行维护的条件而动作于信号，以便值班员及时处理，或由装置自动进行调整，或将那些继续运行就会引起损坏或发展为事故的电气设备予以切除。

(3) 继电保护装置还可以与电力系统中的其他自动化装置配合，在条件允许时，采取预定措施，缩短事故停电时间，尽快恢复供电，从而提高电力系统运行的可靠性。

对继电保护的基本要求是：

(1) 选择性：当电力系统中的设备或线路发生故障时，其继电保护仅将故障的设备或线路从电力系统中切除，尽量减小停电面积，以保证系统中的无故障部分仍能继续安全运行。

（2）速动性：是指继电保护装置应能尽快地切除故障，以减少设备及用户在大电流、低电压情况下运行的时间，降低设备的损坏程度，提高系统并列运行的稳定性。

（3）灵敏性：是指电气设备或线路在被保护范围内发生故障或不正常运行情况时，保护装置的反应能力。

（4）可靠性：是指对继电保护装置既不误动，也不拒动。

1-4　继电保护装置通过哪些主要环节完成预定的保护功能？各环节的作用是什么？

答：继电保护装置由测量部分、逻辑部分和执行部分三个部分组成。测量部分的作用是测量与被保护电气设备或线路工作状态有关的物理量的变化，以确定电力系统是否发生了短路故障或出现不正常运行情况；逻辑回路的作用是当电力系统发生故障时，根据测量回路的输出信号进行逻辑判断，以确定保护是否应该动作，并向执行元件发出相应的信号；执行回路的作用是根据逻辑回路的判断，发出切除故障的跳闸脉冲或指示不正常运行情况的信号。

三、补充题

（一）填空题

1. 能满足系统稳定及安全要求，有选择性地保护设备和切除故障的保护称为________。主保护或断路器拒动时，用以切除故障的保护称为________。

答：主保护；后备保护。

2. 过电流保护作为本线路主保护的后备保护，称为________。过电流保护作为下一段线路的主保护或断路器拒动时的后备保护称为________。

答：近后备保护；远后备保护。

3. 继电保护按所起的作用可分为________保护和________保护，其中后备保护又可分为________保护和________保护。

答：主；后备；近后备；远后备。

4. 电力系统发生短路故障时，通常有________增大、________降低，以及________改变等现象。

答：电流；电压；阻抗。

5. 继电保护装置按反应电流增大原理而构成________保护，按反应短路点到保护安装处之间的距离而构成________保护。

答：过电流；距离。

6. 继电保护装置有利用电力载波按反应线路两端功率方向原理而构成的________保护，有按故障前后零序电压、零序电流的突变量而构成的________保护等。

答：高频；零序。

7. 对继电保护的基本要求是________、________、________和________等。

答：选择性；速动性；灵敏性；可靠性。

（二）简答题

1. 什么是继电保护装置？其基本任务是什么？

答：继电保护装置就是指能反应电力系统中电气元件发生故障或不正常运行状态，并动作于断路器跳闸或发出信号的一种自动装置。

继电保护装置的基本任务是：

（1）自动、迅速、有选择性地将故障元件从电力系统中切除，使故障元件免于继续遭到破坏，保证无故障部分迅速恢复正常运行。

（2）反应电气元件的不正常运行状态，并根据运行维护的条件而动作于信号，以便值班员及时处理。

2. 继电保护的基本原理是什么？

答：继电保护的原理就是利用被保护线路或设备故障前后某些物理量的突变量为信息，当其达到一定值时，启动逻辑控制环节，发出相应的跳闸脉冲或信号。例如根据短路故障时流过电气元件上的电流增大，可构成过电流保护；根据故障时被保护元件两端电流相位和大小的变化，可构成差动保护；根据接地故障时出现的电流、电压的零序分量，可构成零序电流保护；根据电力变压器内部故障产生的气体数量和速度，可构成气体（瓦斯）保护。

（三）分析题

1. 如图1-1所示，试回答下列问题：

（1）当k1点短路时，根据选择性要求应由哪些保护动作并跳开哪些断路器？如此时保护6拒动或QF6因失灵而拒跳，保护又将如何动作？

（2）当k2点短路时，根据选择性要求应由哪些保护动作并跳开哪些断路器？如此时保护3拒动或QF3拒跳，但保护1动作并跳开QF1，问此种动作是否有选择性？如果拒动的为QF2，对保护1的动作又应作何评价？

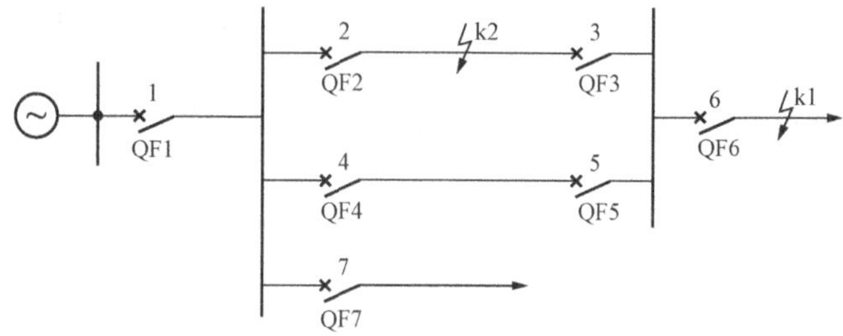

图1-1　分析题1图

答：（1）当k1点短路时，根据选择性要求应由保护6动作并跳开QF6断路器。如此时保护6拒动或QF6因失灵而拒跳，由近后备保护3、保护5动作跳开QF3、QF5，或由远后备保护2、保护4动作跳开QF2、QF4。

（2）当k2点短路时，根据选择性要求应由保护2、保护3动作跳开QF2、QF3。如此时保护3拒动或QF3拒跳，但保护1动作并跳开QF1，此种动作不具有选择性，应由保护5或保护4动作，跳开QF5或QF4。如果拒动的为QF2，对保护1动作并跳开QF1的断路器具有选择性。

2. 在图1-2所示网络中，设在k点发生短路，试就以下几种情况评述保护1和保护2对四项基本要求的满足情况。

（1）保护1按整定时间先动作跳开QF1，保护2启动并在故障切除后返回；

（2）保护1和保护2同时按保护1整定时间动作并跳开QF1和QF2；

（3）保护1和保护2同时按保护2整定时间动作并跳开QF1和QF2；

（4）保护1启动但未跳闸，保护2动作并跳

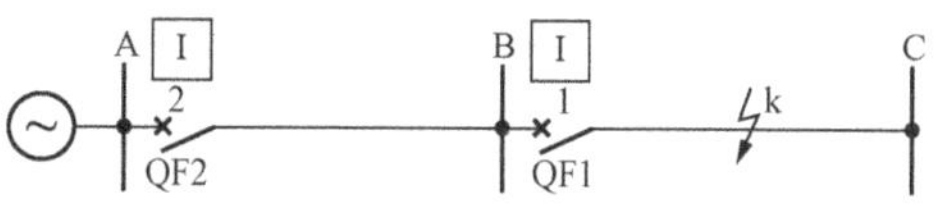

图1-2　分析题2图

开 QF2；

(5) 保护 1 未启动，保护 2 动作并跳开 QF2；

(6) 保护 1 和保护 2 均未动作。

答：(1) 保护 1 按整定时间先动作跳开 QF1，说明保护 1 已满足四项基本要求；而保护 2 启动在故障切除后返回，说明保护 2 满足灵敏性（能启动）、选择性（启动后返回）和可靠性（最终没有动作，说明不该动作时能可靠不动作）三条基本要求。对于速动性，由于它最终没有动作所以速动性没有表现。

(2) 保护 1 和保护 2 同时按保护 1 整定时间动作并跳开 QF1 和 QF2。这表明：保护 1 满足四项基本要求；保护 2 为无选择性跳闸，故选择性和可靠性均不满足要求，灵敏性满足，速动性不满足，因为它不是尽快切除保护范围内故障，其行为不是遵循“缩小故障范围”，而是扩大故障范围。

(3) 保护 1 和保护 2 同时按保护 2 整定时间动作跳开 QF1 和 QF2。这表明：保护 1 满足可靠性、选择性和灵敏性要求，但未满足速动性要求，因为没有做到尽快切除故障，它的晚动作已造成保护 2 越级跳闸，导致故障范围扩大，违背速动性要求；保护 2 为无选择性越级跳闸，但在保护 1 工作失常前提下，且保护 2 符合预先规定，故其四条基本要求都满足。

(4) 保护 1 启动但未跳闸，保护 2 动作并跳开 QF2。这表明：保护 1 为无选择性，未跳闸表明不可靠，灵敏性满足，快速性不满足；保护 2 满足全部四项基本要求。

(5) 保护 1 未启动，保护 2 动作并跳开断路器 QF2。这表明：保护 1 不满足四项基本条件，保护 2 满足全部四项基本要求。

(6) 保护 1 和保护 2 均未动作，这表明保护 1 和保护 2 均未满足四项基本要求。

第二章　电网的电流保护

一、基本内容和学习要点

(1) 掌握常用继电器的构成原理、基本动作电流、返回电流、返回系数等基本概念及其内在联系。

(2) 掌握电流互感器和电压互感器的基本工作原理、影响误差因素及注意事项。

(3) 熟悉三种典型的电流保护（电流速断保护、限时电流速断保护和过电流保护）的特点、整定原则、整定计算方法及其评价。

(4) 掌握相间短路保护电流回路的基本接线方式及其特点与应用范围。

(5) 通过三段式电流保护原理接线图，会分析二次回路的原理图和展开图。

(6) 掌握反时限过电流保护的基本工作原理。

(7) 掌握方向电流保护原理、主要组成元件及其评价。

(8) 掌握功率方向继电器的工作原理、构造、动作特性和 90°接线方式。

(9) 了解方向性电流保护整定计算，掌握省略方向元件的条件。

(10) 了解电力系统中性点接地方式，掌握中性点直接接地电网接地后零序电流、零序电压、零序功率的特点及变化规律。

(11) 了解三段零序保护的原理、整定计算，及与前述相间短路三段保护相比有什么优点。

(12) 掌握零序功率方向继电器的特点。

(13) 了解获得零序电流、零序电压的方法。

(14) 掌握中性点非直接接地电网发生单相接地故障时的特点，以及出现零序电压和零序电流的性质及其分布特点。

(15) 掌握中性点非直接接地电网中常见的几种接地保护方式及其特点。

二、习题解答

2-1　什么是启动电流？什么是返回电流？返回系数对何而言？

答： 使继电器动作的最小电流值 I_r 称为继电器的动作电流（启动电流），记作 $I_{op.r}$。使继电器返回原位的最大电流值称为继电器的返回电流，记为 $I_{re.r}$。返回电流与动作电流的比值称为继电器的返回系数，可表示为 $K_{re}=\frac{I_{re.r}}{I_{op.r}}$ $(0<K_{re}<1)$。返回系数越大，则保护装置的灵敏度越高，但过大的返回系数会使继电器触点闭合不够可靠。

2-2　电流互感器的误差与哪些因素有关？有怎样的关系？

答： 电流互感器误差取决于励磁电流的大小，而励磁电流与电流互感器的负载阻抗 Z_L 成正比，与励磁阻抗成反比。因此，电流互感器的误差与负载阻抗成正比，与励磁阻抗成反比，一般误差小于 1%。

2-3 为什么过电流保护在整定计算时考虑返回系数和自启动系数，而电流速断保护不考虑返回系数和自启动系数？

答：过电流保护的动作电流是按躲开被保护线路的最大负荷电流，且在自启动电流下继电器能可靠返回来进行整定的。当本条线路的下一条线路发生短路，电流Ⅲ段保护启动。当故障切除后，电机类负载启动时产生较大的启动电流，而要求继电器在自启动的大电流下也能可靠返回，因此要考虑自启动系数和返回系数。电流速断保护整定值高，下一条线路故障时本段线路的电流Ⅰ段保护不启动，因此不考虑返回系数和自启动系数。

2-4 三段式电流保护哪一段最灵敏，哪一段最不灵敏？它们是采用什么措施来保证选择性的？

答：电流Ⅲ段保护最灵敏，电流Ⅰ段保护最不灵敏。电流Ⅰ段保护采用动作电流来保证选择性，而电流Ⅱ段、电流Ⅲ段保护采用动作电流和动作时间的不同来保证选择性。

2-5 在一条线路上是否一定要用三段式保护？两段行吗？为什么？

答：实际上，供配电线路不一定都要装设三段式电流保护。比如，处于电网末端附近的保护装置，当定时限过电流保护不大于0.5～0.7s，而且没有防止导线烧损及保护配合上的要求情况下，就可以不装设电流速断保护和限时电流速断保护，而将过电流保护作为主保护。在某些情况下，常采用两段组成一套保护。例如：当线路很短时，只装设限时电流速断保护和定时限过电流保护；线路—变压器组式接线，电流速断保护能保护全线路，因而不需要装设限时速断保护，只装设电流速断保护和定时限过电流保护即可。

2-6 过电流保护的交流回路有哪几种接线方式？其应用范围如何？

答：过电流保护的交流回路有三相星形接线、两相星形接线和两相电流差接线三种接线方式。

(1) 三相星形接线方式能反应各种类型的故障，用在中性点直接接地电网中，作为相间短路的保护，同时也可保护单相接地。

(2) 两相星形接线方式较为经济简单，能反应各种类型的相间短路，在10kV及以上、特别是在35kV非直接接地电网中得到广泛应用，也应用于6～10kV中性点不接地系统中的过电流保护装置。

(3) 两相电流差接线方式接线简单、投资少，但灵敏性较差，主要用在6～10kV中性点不接地系统中，作为馈电线路和较小容量高压电动机的保护。

2-7 在小接地系统中，有一变电站有两个出口线路，1号线路供电给重要用户，2号线路供电给一般用户，为了保证在不同线路上发生两点接地短路时都不会停止对重要用户的供电，过电流保护要求采取什么措施？

答：1号线路供给重要用户，采用两相星形接线，继电保护装置动作时间整定长。2号线路采用三相星形接线，继电保护装置动作时间整定得短。

2-8 在什么条件下，要求电流保护的动作具有方向性？

答： 环网和多侧电源电网相间短路的电流保护要求电流保护动作具有方向性。

2-9　功率方向继电器能单独用作保护吗？为什么？

答： 功率方向继电器不能单独用作保护。因为功率方向继电器只能判断功率的方向，不能判断电流的大小，而保护装置的启动条件是功率方向为规定的正方向，流入继电器的电流大于其动作电流，因此功率方向继电器要配合电流继电器实现方向过电流保护。

2-10　按90°接线的功率方向继电器在三相短路和两相短路时，会不会有死区？为什么？

答： 90°接线的功率方向继电器在各种两相短路时都没有死区，因为继电器加入的是非故障相的线电压，其值得高，因此保护能可靠动作。三相短路时，在保护装置出口处短路保护装置不动作，因为在保护装置出口处发生三相短路时，$\dot{U}_A=\dot{U}_B=\dot{U}_C=0$，保护装置检测到的电压为0，判断不出功率方向，故保护不动作。

2-11　电网方向过电流保护动作时限的配合及方向元件的装设应遵守什么原则？

答： 方向过电流保护动作时限的整定，是将动作方向一致的保护，按逆序阶梯原则进行整定。加方向元件的原则是：对装在变电站同一母线上的各元件保护，其动作时限较长的可以不装设方向元件，而时限较短的必须装设方向元件；如果保护的时间相等，那就都应装设方向元件。

2-12　中性点非直接接地电网中，接地短路的特点及保护方式是什么？

答： 其接地短路的特点是：

(1) 单相接地时，全系统都将出现零序电压，而短路点的零序电压在数值上为相电压。

(2) 在非故障元件上有零序电流，其数值等于本身的对地电容电流，电容性无功功率的实际方向为由母线流向线路。

(3) 在故障元件上，零序电流为全系统非故障元件对地电容电流之和，电容性无功功率的实际方向为由线路流向母线。

保护方式：采用绝缘监视装置反应单相接地故障。

2-13　在大接地电流系统中发生接地短路时，零序分量与正序分量的主要区别有哪些？

答： (1) 故障点的零序电压最高，离故障点越远零序电压越低，而故障点的正序电压为零。

(2) 零序电流的方向由线路流向母线，而正序电流的方向由母线流向线路。

(3) 故障线路零序功率的方向与正序功率的方向相反，是由线路流向母线。

2-14　零序功率方向元件有没有死区？为什么？

答： 没有死区，因为保护出口处发生接地故障时短路点零序电压最大，不为零，方向元件可以检测到一个较大的电压，故零序功率方向元件可以可靠动作。

2-15　中性点经消弧线圈接地电网中，单相接地短路的特点及补偿方式是什么？

答： 中性点经消弧线圈接地电网中，单相接地时，用它产生的感性电流去补偿全部或部分电容电流，减少流经故障点的电流，避免在接地点燃起电弧。补偿方式有完全补偿、欠补偿和过补偿。

2-16　在小电流接地系统中，如何从绝缘检查装置的仪表指示中判断出接地相？又用什么办法可以判断出接地线路？

答： 系统正常运行时，三相电压对称，没有零序电压，所以三只电压表读数相等，过电压继电器 KV 不动作。当系统任一出线发生接地故障时，接地相对地电压为零，而其他两相对地电压升高为原来的$\sqrt{3}$倍，所以从三只电压表的读数可以看出，读数降低的电压表所对应的相为接地相，另两只读数增大的电压表对应的相为非接地相。同时在开口三角处出现零序电压，过电压继电器 KV 动作，给出接地信号。

由运行人员顺次短时断开每条线路，当断开某条线路时，若零序电压信号消失，即表明接地故障就在这条线路上。

2-17　在图 2-1 所示的网络中，试对保护 1 进行三段式电流保护的整定计算。已知线路的最大负荷电流 $I_{L.max}=100A$，t'''_2为 2.2s，母线 A、B、C 等处短路时流经线路 AB 的三相短路电流计算值如下所示（单位：kA）：

短路点	**A**	**B**	**C**
最大运行方式	**5.34**	**1.525**	**0.562**
最小运行方式	**4.27**	**1.424**	**0.548**

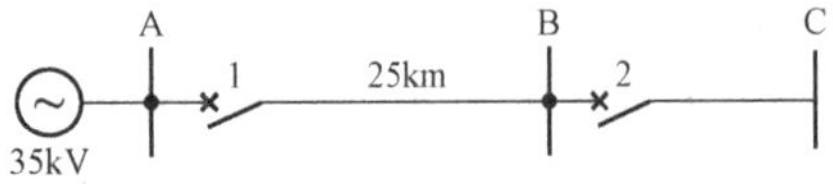

图 2-1　题 2-17 图

解　(1) 电流速断保护的整定计算（$X_1=0.4\Omega/km$）：

1) 动作电流

$$I'_{op.1}=K'_{rel}I^{(3)}_{k.B.max}=1.3\times1.525=1.9825(kA)$$

由 $I^{(3)}_{k.B.min}=\dfrac{U_N}{\sqrt{3}(X_{s.max}+X_1 l_{AB})}$ 得

$$X_{s.max}=\frac{U_N}{\sqrt{3}I^{(3)}_{k.B.min}}-X_1 l_{AB}=\frac{35}{\sqrt{3}\times1.424}-0.4\times25=4.2(\Omega)$$

系统在最小运行方式下，Ⅰ段保护范围最短，由 $I'_{op}=\dfrac{\sqrt{3}}{2}\times\dfrac{U_N}{\sqrt{3}(X_{s.max}+X_1 l_{min})}$ 得

$$l_{min}=\frac{1}{X_1}\left(\frac{U_N}{2I'_{op}}-X_{s.max}\right)=\frac{1}{0.4}\times\left(\frac{35}{2\times1.9825}-4.2\right)=11.57(km)$$

2) 灵敏度校验

$$l_B\%=\frac{l_{min}}{l_{AB}}\times100\%=\frac{11.57}{25}\times100\%=46.3\%>15\%$$

符合要求。

3) 动作时限：$t'_1=0s$。

(2) 限时电流速断保护整定计算：

1）动作电流

$$I''_{op.1}=K''_{rel}I'_{op.2}=K''_{rel}K'_{rel}I^{(3)}_{k.C.max}=1.1\times1.3\times0.562=0.8037(kA)$$

2）灵敏度校验

$$K_{sen}=\frac{I^{(2)}_{k.B.min}}{I''_{op}}=\frac{\frac{\sqrt{3}}{2}\times1.424}{0.8037}=1.53>1.5$$

符合要求。

3）动作时限

$$t''_1=t'_2+\Delta t=0.5(s)$$

（3）定时限过电流保护整定计算：

1）动作电流

$$I'''_{op.1}=\frac{K'''_{rel}K_{ss}}{K_{re}}I_{L.max}=\frac{1.25\times1}{0.85}\times0.1=0.1471(kA)$$

2）灵敏度校验

近后备

$$K_{sen}=\frac{I^{(2)}_{k.B.min}}{I'''_{op.1}}=\frac{\frac{\sqrt{3}}{2}\times1.424}{0.1471}=8.38>1.5$$

符合要求。

远后备

$$K_{sen}=\frac{I^{(2)}_{k.C.min}}{I'''_{op.1}}=\frac{\frac{\sqrt{3}}{2}\times0.548}{0.1471}=3.23>1.2$$

符合要求。

3）动作时限

$$t'''_1=t'''_2+\Delta t=2.2+0.5=2.7(s)$$

2-18　在图2-2所示网络中，试对保护1进行三段式电流保护的整定计算。计算中取$K'_{rel}=1.3$，$K''_{rel}=1.1$，$K'''_{rel}=1.2$，返回系数$K_{re}=0.85$，自启动系数$K_{ss}=1$，线路阻抗为$0.4\Omega/km$，$X_{s.min}=6.5\Omega$，$X_{s.max}=7.5\Omega$，$I_{L.max}=400A$。

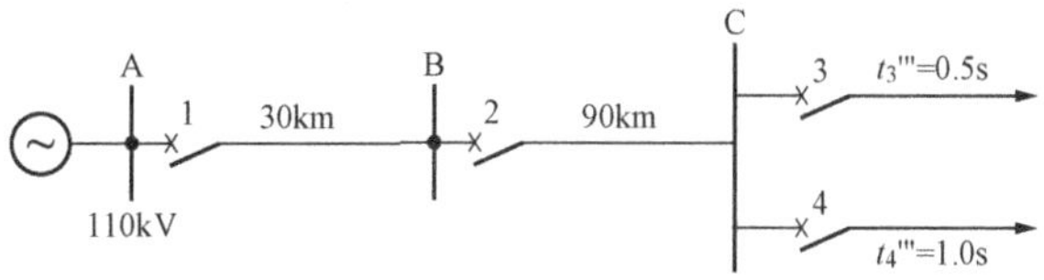

A　B　C
1　30km　2　90km
3　$t_3'''=0.5s$
4　$t_4'''=1.0s$
110kV

图2-2　题2-18图

解

$$I^{(3)}_{k.B.max}=\frac{U_N}{\sqrt{3}(X_{s.min}+X_1l_{AB})}=\frac{110}{\sqrt{3}\times(6.5+0.4\times30)}=3.43(kA)$$

$$I^{(3)}_{k.B.min}=\frac{U_N}{\sqrt{3}(X_{s.max}+X_1l_{AB})}=\frac{110}{\sqrt{3}\times(7.5+0.4\times30)}=3.26(kA)$$

$$I_{k.B.min}^{(2)}=\frac{\sqrt{3}}{2}I_{k.B.min}^{(3)}=\frac{\sqrt{3}}{2}\times 3.26=2.82(kA)$$

$$I_{k.C.max}^{(3)}=\frac{U_N}{\sqrt{3}(X_{s.min}+X_1 l_{AC})}=\frac{110}{\sqrt{3}\times(6.5+0.4\times 120)}=1017(kA)$$

$$I_{k.C.min}^{(2)}=\frac{\sqrt{3}}{2}\frac{U_N}{\sqrt{3}(X_{s.max}+X_1 l_{AC})}=\frac{\sqrt{3}}{2}\times\frac{110}{\sqrt{3}\times(7.5+0.4\times 120)}=0.99(kA)$$

（1）Ⅰ段电流保护整定计算：

1）动作电流

$$I'_{op.1}=K'_{rel}I_{k.B.max}^{(3)}=1.3\times 3.43=4.46(kA)$$

2）灵敏度校验：由 $I'_{op}=\frac{\sqrt{3}}{2}\times\frac{U_N}{\sqrt{3}\times(X_{s.max}+X_1 l_{min})}$ 得

$$l_{min}=\frac{1}{X_1}\left(\frac{U_N}{2I'_{op}}-X_{s.max}\right)=\frac{1}{0.4}\times\left(\frac{110}{2\times 4.46}-7.5\right)=12.08(km)$$

$$l_B\%=\frac{l_{min}}{l_{AB}}\times 100\%=\frac{12.08}{30}\times 100\%=40.3\%>15\%$$

符合要求。

3）动作时限：$t'_1=0s$。

（2）Ⅱ段电流保护整定计算：

1）动作电流

$$I''_{op.1}=K''_{rel}I'_{op.2}=K''_{rel}K'_{rel}I_{k.C.max}^{(3)}=1.1\times 1.3\times 1.17=1.67(kA)$$

2）灵敏度校验

$$K_{sen}=\frac{I_{k.B.min}^{(2)}}{I''_{op.1}}=\frac{2.82}{1.67}=1.69>1.5$$

符合要求。

3）动作时限

$$t''_1=t'_2+\Delta t=0.5(s)$$

（3）Ⅲ段电流保护整定计算：

1）动作电流

$$I'''_{op.1}=\frac{K'''_{rel}K_{ss}}{K_{re}}I_{L.max}=\frac{1.2\times 1}{0.85}\times 0.4=0.56(kA)$$

2）灵敏度校验：

近后备

$$K_{sen}=\frac{I_{k.B.min}^{(2)}}{I'''_{op.1}}=\frac{2.82}{0.56}=5.03>1.5$$

符合要求。

远后备

$$K_{sen}=\frac{I_{k.C.min}^{(2)}}{I'''_{op.1}}=\frac{0.99}{0.56}=1.77>1.2$$

符合要求。

3）动作时限

$$t_1''' = t_4''' + \Delta t + \Delta t = 1 + 0.5 + 0.5 = 2(\mathrm{s})$$

2-19　试确定图2-3所示网络中过电流保护1～保护8的动作时限，并确定哪些保护需加方向性元件。

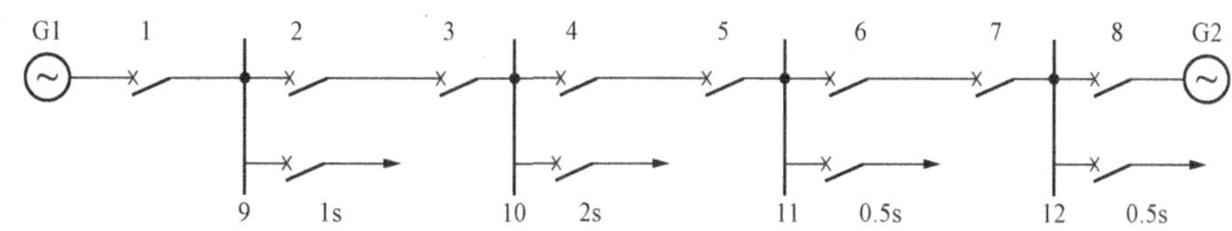

图2-3　题2-19图

答：去掉G1电源，保护1、3、5、7为同方向配合保护，设保护1的动作时限为$t_1=0.5\mathrm{s}$，所以$t_3=1.5\mathrm{s}$，$t_5=2.5\mathrm{s}$，$t_7=3\mathrm{s}$。去掉G2电源，保护2、4、6、8为同方向配合保护，设$t_8=0.5\mathrm{s}$，所以$t_6=1\mathrm{s}$，$t_4=1.5\mathrm{s}$，$t_2=2.5\mathrm{s}$。综上所述，保护1、3、4、6、8均装设方向性元件。

三、补充题

（一）填空题

1. 电流互感器铁芯饱和时，励磁电流将________，二次侧电流将________。

答：增大；减小。

2. 对于电流互感器，若要使励磁电流减小，需使励磁阻抗________，二次负载________。

答：增大；减小。

3. 电流互感器的误差与________成正比，与________成反比。

答：二次负载；励磁阻抗。

4. 电磁型继电器在可动衔铁上产生的电磁转矩与________成正比，与________成反比。

答：电流的平方；空气隙距离δ的平方。

5. 对于电流继电器，当通入继电器的电流大于动作电流时，继电器________；当通入继电器的电流小于返回电流时，继电器________。

答：动作；返回。

6. 对于电流继电器，动作条件为I_r________；当I_r________时，继电器返回。

答：大于I_{op}；小于I_{re}。

7. 对于电流继电器，当M_{dc}________时，继电器动作；当M_{dc}________时，继电器返回。

答：$\geqslant M_s+M_f$；$\leqslant M_s-M_f$。

8. 电流速断保护和限时电流速断保护的动作电流是按________整定的，而过电流保护是按________整定的，故前者________后者。

答：短路电流；最大负荷电流；大于。

9. 感应型电流继电器，当________时，称为继电器启动；启动后，减少流入继电器线圈中的电流，当________时，称为继电器返回。

答：蜗轮蜗杆啮合；蜗轮蜗杆脱离。

10. 两级反时限过电流保护进行配合，其配合点选在________；若反时限过电流保护与电源侧的定时限过电流保护配合，其配合点应选在________。

答：下一条线路的首端；下一条线路的末端。

11. 在大接地电流系统中，常采用________接线方式；在小接地电流系统中，常采用________接线方式，反应各种类型的相间短路。

答：三相星形；两相星形。

12. 电流互感器的二次绕组为三相星形接线或两相不完全星形接线时，在正常负荷及各种故障形式下的接线系数均为________。

答：1。

13. 在大接地电流系统中，电流互感器按完全星形接线，不仅能反应任何________短路故障，而且也能反应________接地和________短路接地故障。

答：相间；单相；两相。

14. 在________和________网络中，要求电流保护具有方向性。

答：环网；多电源。

15. 在电网中装设带有方向元件的过电流保护是为了保证动作的________，在________处发生________短路时，方向电流保护会出现死区。

答：选择性；保护出口；三相。

16. 相间短路的功率方向继电器通常按________接线方式，当线路发生正向故障时，若 $\phi_d=50°$，为使继电器动作最灵敏，其内角 α 值应是________。

答：90°；45°。

17. 对于双侧电源网络，当发生内部故障时，故障线路上的短路功率由________流向________。

答：母线；线路。

18. 对于双侧电源网络，当发生故障时，规定线路上的短路功率由母线流向线路为________，而短路功率由线路流向母线为________。

答：正；负。

19. 方向过电流保护启动有两个条件，一个是________，另一个是________________。

答：电流超过整定值；功率方向符合规定的正方向。

20. 在双侧电源供电网络中，装在变电所同一母线上的各元件保护，其________可以不装方向元件，而________必须装设方向元件；如果________，那就都应该装设方向元件。

答：时限较长的；时限较短的；保护的时限相等。

21. 我国电力系统中性点接地方式有三种，分别是__________、__________、________。

答：中性点直接接地；中性点不直接接地；中性点经消弧线圈接地。

22. 中性点直接接地电网中发生接地短路故障时，________零序电压最高，故障线路零序功率的方向是________。

答：故障点的；由线路流向母线的。

23. 零序电压的取得，通常采用________或________。

答：三个单相电压互感器；三相五柱式电压互感器。

24. 在双侧电源供电中性点直接接地网络中，发生接地短路故障时，零序电流由母线流向线路方向为________，故障线路两侧零序功率为________，非故障线路远离短路点侧的零序电流也为________，近短路点侧零序电流的方向为________。

答：正；负；负；正。

25. 零序电流可以通过________或________获得，前者存在不平衡电流，后者没有不平衡电流，但后者只能用于________。

答：零序电流滤过器；零序电流互感器；电缆线路。

26. 线路发生单相接地时，零序电流滤过器的输出电流，在大接地电流系统中为________，在小接地电流系统中为________。

答：本线路的三相零序电流之和（或故障相电流）；所有非故障线路的接地电容电流之和。

27. 零序功率方向继电器靠比较________电流与________电压的相位关系来判别方向。

答：零序；零序。

28. 只有当________和________同时动作，方向性零序电流三段保护才能启动。

答：零序功率方向继电器；零序电流继电器。

29. 零序电流保护比相间短路的电流保护灵敏度________，动作时限________。

答：高；短。

30. 中性点非直接接地电网中发生接地短路时，在故障元件上，零序电流为全系统非故障元件________，电容性无功功率的实际方向为________；在非故障元件上有零序电流，其数值等于________，电容性无功功率的实际方向为________。

答：对地电容电流之和；由线路流向母线；本身的对地电容电流；由母线流向线路。

31. 中性点经消弧线圈的补偿方式有________、________和________，一般采用________方式。

答：完全补偿；欠补偿；过补偿；过补偿。

（二）选择题

1. 增大动作电流的方法有________。

A. 减小弹簧的张力　　B. 加大继电器线圈的匝数

C. 加大初始空气气隙长度

2. 减小动作电流的方法有________。

A. 增大弹簧的张力　　B. 加大继电器线圈的匝数

C. 加大初始空气气隙长度

3. 电流速断保护装置中的保护出口中间继电器的作用为________。

A. 提高可靠性　　B. 扩大触点容量和数量

C. 满足速动性的要求

4. 当限时电流速断保护的灵敏系数不满足要求时，可考虑________。

A. 采用过电流保护　　B. 与下一级电流速断保护相配合

C. 与下一级限时电流速断保护相配合

5. 在同一小接地电流系统的放射形线路上，所有出线均装设两相不完全星形接线的电流保护，电流互感器都装在同名两相上，这样在发生不同线路两点接地短路时，可保证只切除一条线路的概率为________。

A. 1/3　　B. 1/2　　C. 2/3

6. 在同一小接地电流系统的串联性线路中，所有出线均装设两相不完全星形接线的电流保护，电流互感器都装在同名两相上，这样在发生不同相别两点接地短路时，可保证只切除一条线路的概率为________。

A. 1/3　　B. 1/2　　C. 2/3

7. 过电流方向保护是在过电流保护的基础上，加装一个________而组成的装置。

A. 负荷电压元件　　B. 复合电流继电器

C. 方向元件　　D. 复合电压元件

8. 方向性电流保护用在________。

A. 环网　　B. 辐射网　　C. 双电源网

9. 功率方向继电器在________情况下会出现死区。

A. 保护出口处三相短路　　B. 保护出口处两相短路

C. 远离保护安装处三相短路

10. 对于变电站同一母线上各元件的过电流方向保护，其动作时限________可以不装设方向元件。

A. 较短的　　B. 较长的　　C. 相等的

11. 在大接地电流系统中，故障电流中含有零序分量的故障类型是________。

A. 两相短路　　B. 三相短路　　C. 两相接地短路

12. ________能反应各相电流和各类型的短路故障电流。

A. 两相星形接线　　B. 三相星形接线　　C. 两相电流差接线

13. 在大接地电流系统中，线路始端发生两相金属性短路接地时，零序方向过电流保护中的方向元件将________。

A. 因短路相电压为零而拒动

B. 因感受零序电压最大而灵敏动作

C. 因短路零序电压为零而拒动

14. 在Yd11接线的变压器低压侧发生两相短路时，星形侧某一相的电流等于其他两相短路电流的两倍，如果低压侧AB两相短路，则高压侧的电流值________。

A. I_A 为 $\frac{2}{\sqrt{3}}I_D$　　B. I_B 为 $\frac{2}{\sqrt{3}}I_D$　　C. I_c 为 $\frac{2}{\sqrt{3}}I_D$

15. 在大接地电流系统中，线路发生接地故障时，保护安装处的零序电压________。

A. 距故障点越远就越高　　B. 距故障点越近就越高

C. 与距离无关

16. 过电流继电器的返回系数________。

A. 大于1　　B. 小于1　　C. 等于1

答： 1. C　2. B　3. B　4. C　5. C　6. C　7. C　8. A、C　9. A　10. B　11. C　12. B　13. B　14. B　15. C　16. B

（三）判断题（正确的打“√”，错误的打“×”）

1. 使电流继电器动作的最大电流，称为动作电流。　（　）
2. 使电流继电器返回的最小电流，称为返回电流。　（　）
3. 动作电流越大，保护范围也就越大。　（　）

4. 电流速断保护的整定需考虑电流继电器的返回系数。（　）

5. 接地故障时，故障点的零序电压最低，离故障点越远，零序电压越高。（　）

6. 变压器中性点直接接地或经消弧线圈接地的系统，称为小接地电流系统。（　）

7. 过电流保护在系统运行方式变小时，保护范围也将缩短。（　）

8. 接地故障时，零序电流的方向与正序方向一致。（　）

9. 上下级保护间只要动作时间配合好，就可以保证选择性。（　）

10. 反时限过电流保护的动作时间与短路电流无关。（　）

11. 线路变压器组接线可只装电流速断保护和过电流保护。（　）

12. 在最大运行方式下，电流保护的保护区大于最小运行方式下的保护区。（　）

13. 零序电流的分布，与系统的零序网络无关，而与电源的数目有关。（　）

14. 过电流保护在系统运行方式变小时，保护范围也将缩短。（　）

15. 一般电流保护比零序电流保护灵敏度高，保护范围稳定。（　）

16. 零序电流保护不反应电网的正常负荷、振荡和相间短路。（　）

17. 变压器中性点直接接地或经消弧线圈接地的系统，称为大接地电流系统。（　）

18. 在变压器中性点直接接地系统中，当系统发生单相接地故障时，将在变压器中性点产生很大的零序电压。（　）

19. 在小接地电流系统中，所有出线保护均采用三相三继电器式完全星形接线，这样在不同线路的不同相发生两点接地故障时，两回线路有可能同时被切除的机会为 2/3。（　）

20. 在大接地电流系统中，线路出口发生单相接地短路时，母线上电压互感器开口三角形的电压就是零序电压 U_0。（　）

21. 小接地电流系统线路的后备保护，一般采用两相三继电器式的接线方式，这是为了提高对 Yd 接线变压器侧两相短路的灵敏度。（　）

22. 功率方向继电器能单独用作方向电流保护的启动元件。（　）

答： 1. ×　2. ×　3. ×　4. ×　5. ×　6. ×　7. √　8. ×　9. ×　10. ×
11. √　12. √　13. ×　14. √　15. ×　16. √　17. ×　18. ×　19. ×　20. ×
21. √　22. ×

（四）简答与分析题

1. 何谓三段式电流保护？各段保护是怎样获得动作选择性的？

答： 由电流速断保护、限时电流速断保护及定时限过电流保护相配合构成的一整套保护，称为三段式电流保护。

电流Ⅰ段保护采用动作电流来保证选择性，而电流Ⅱ段、电流Ⅲ段保护采用动作电流和动作时间的不同来保证选择性。

2. 画出定时限过电流保护的原理图，并说明保护装置在线路正常运行和故障时的动作状况。

答： 定时限过电流保护的原理如图 2-4 所示。

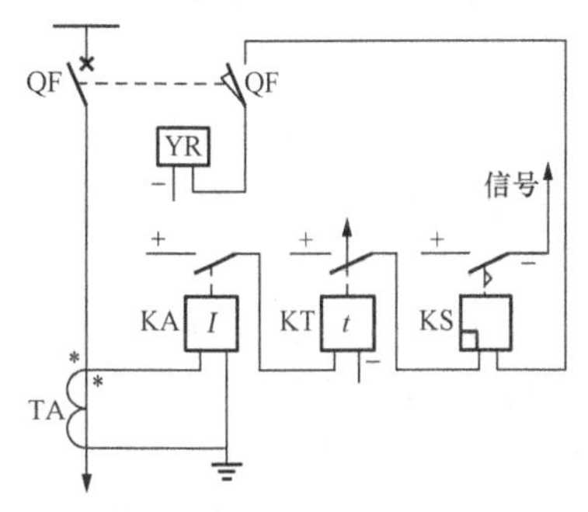

图 2-4　分析题 2 原理图

正常运行时，线路中流过的是正常的负荷电流，TA 二次侧电流比较小，小于电流继电器 KA 的启动电流，其触点不闭合，故整个保护装置不动作，断路器不跳闸。

当线路发生故障时，线路中流过的是短路电流，TA 二次侧电流较大，大于电流继电器 KA 的启动电流，其触点闭合，时间继电器 KT 得电，其触点延时闭合，信号继电器 KS 得电，接通跳闸回路，跳闸线圈得电，断路器跳闸，同时 KS 触点闭合，发出保护动作信号。

3. 如图 2-5 所示的网络，保护 1 和保护 2 均装有三段式电流保护。试问：

(1) 若 k1 点发生短路，哪些保护会启动？最终由哪个保护动作断开 QF1？若该保护拒动，应由哪个保护动作断开 QF1？

(2) 若 k2 点发生短路，哪些保护会启动？最终由哪个保护动作断开哪个断路器？若该保护拒动，应由哪个保护动作断开哪个断路器？

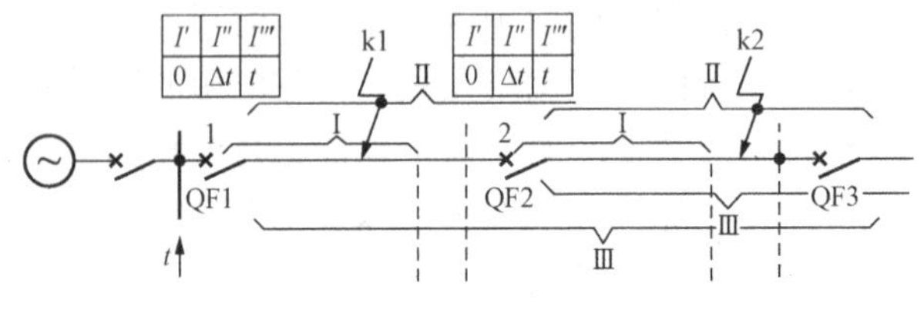

图 2-5　分析题 3 图

答：(1) 保护 1 的电流Ⅰ段、Ⅱ段、Ⅲ段会启动，最终由 QF1 的电流Ⅰ段保护动作断开 QF1。若该保护拒动，应由 QF1 的电流Ⅱ段保护动作断开 QF1。

(2) 保护 1 的电流Ⅲ段、保护 2 的电流Ⅱ段和Ⅲ段会启动，最终由 QF2 的电流Ⅱ段保护动作断开 QF2。若该保护拒动，应由 QF2 的电流Ⅲ段保护动作断开 QF2。

4. 如图 2-6 所示的网络，保护 1 和保护 2 均装有三段式电流保护。试问：

(1) 若 k1 点发生短路，哪些保护会启动？最终由哪个保护动作断开哪个断路器？若该保护拒动，应由哪个保护动作断开该断路器？

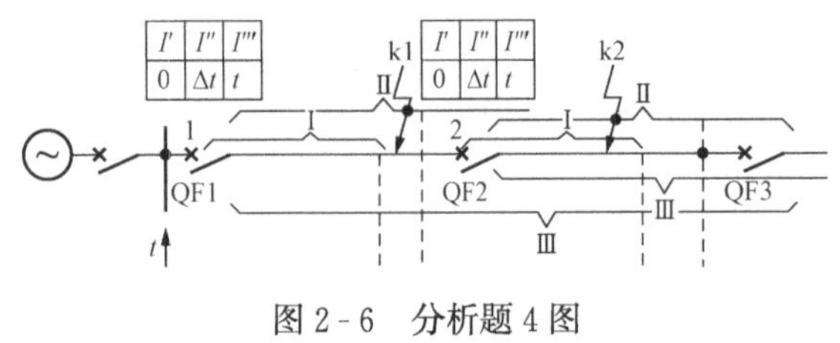

图 2-6　分析题 4 图

(2) 若 k2 点发生短路，哪些保护会启动？最终由哪个保护动作断开哪个断路器？若该保护拒动，应由哪个保护动作断开哪个断路器？

答：(1) 保护 1 的电流Ⅱ段、Ⅲ段会启动，最终由 QF1 的电流Ⅱ段保护动作断开 QF1。若该保护拒动，应由 QF1 的电流Ⅲ段保护动作断开 QF1。

(2) 保护 1 的电流Ⅲ段和保护 2 的电流Ⅰ段、Ⅱ段、Ⅲ段会启动，最终由 QF2 的电流Ⅰ段保护动作断开 QF2。若该保护拒动，应由 QF2 的电流Ⅱ段保护动作断开 QF2。

5. 对于中性点非直接接地电网并列运行线路上的电流保护，试分析为什么采用不完全星形接线方式。

答：对于中性点非直接接地电网，发生单相接地故障时，认为是非正常运行状态，电网可以运行 2h。假设有并列运行线路 L1 和 L2 如图 2-7 所示，若两条线路的保护动作时限相同，当两点异地接地时，若采用完全星形接线方式，则两套保护同时动作，切除两条线路；若采用不完全星形接线方式，则因为不反应 B 相

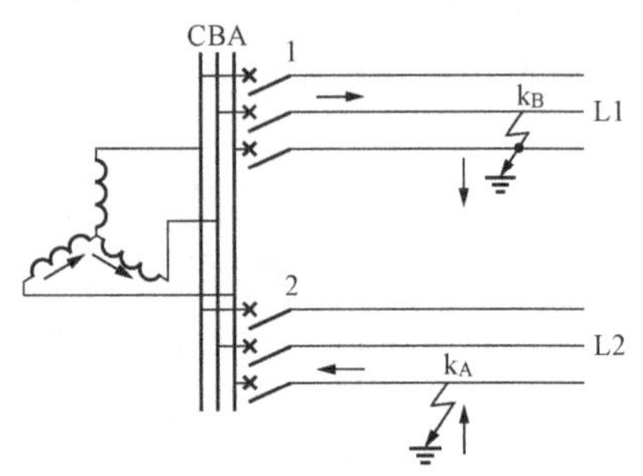

图 2-7　分析题 5 答图

故障，不会切除B相接地的那条线路。归纳起来，在所有两点异地接地组合中，有2/3机会只切除一条线路，故优于完全星形接线方式（100%切除两条线路）。

6. 双电源辐射网和单电源环网如图2-8（a）、（b）所示。各断路器处均装有过电流保护，试根据图2-8中已知的过电流保护动作时限，确定其他过电流保护动作时限，并指出哪些保护需加装方向元件（取$\Delta t=0.5s$）。

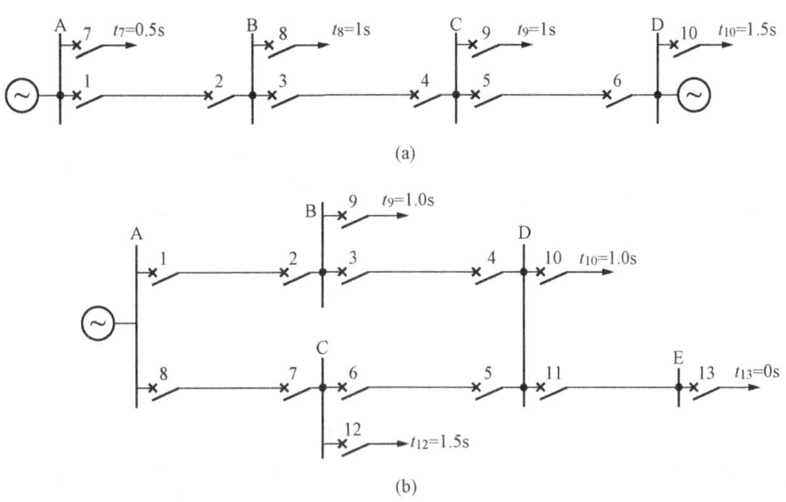

图2-8　分析题6图

答：图2-8（a）网络中，$t_1=3.0s$，$t_2=1.0s$，$t_3=2.5s$，$t_4=1.5s$，$t_5=2.0s$，$t_6=2.0s$，保护2、4需加装方向元件；

图2-8（b）网络中，$t_1=3.0s$，$t_2=0s$，$t_3=2.5s$，$t_4=1.5s$，$t_5=2.0s$，$t_6=2.0s$，$t_7=0s$，$t_8=2.5s$，$t_{11}=0.5s$，保护2、4、7需加装方向元件。

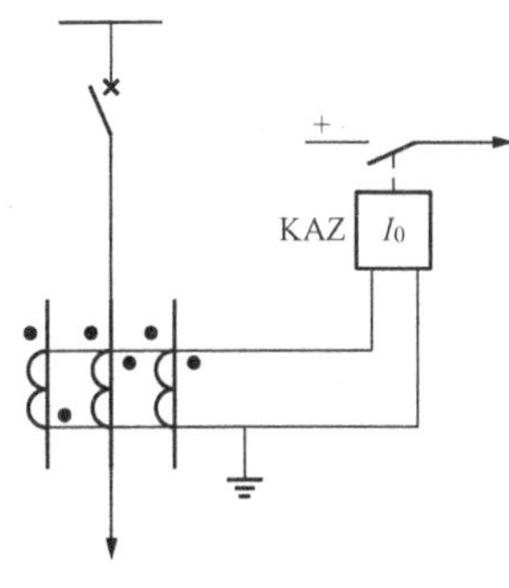

图2-9　分析题7图

7. 图2-9所示为中性点直接接地系统中某一线路，正常时流过负荷电流为400A。已知电流互感器变比为600/5，零序电流继电器的动作电流$I_{act.k}=3A$。试问：

（1）正常运行时，若互感器的极性有一个接反，继电器是否会误动作？为什么？

（2）正常时若有一个互感器二次侧断线，继电器是否会误动作？为什么？

（3）如果要实现零序方向过电流保护，需增加哪些设备和继电器？试在图2-9中补充、画出连接情况并标出其极性端。

答：（1）一个电流互感器极性接反时，流过继电器的电流为$I=2\times400/(600/5)=6.67A>3A$，所以会误动。相量关系如图2-10（a）所示。

（2）一个电流互感器二次侧断线时，流过继电器的电流为$I=400/(600/5)=3.33A>3A$，所以会误动。相量关系如图2-10（b）所示。

（3）需添加零序功率方向继电器，其电流取零序电流滤过器输出，电压取自添加的电压互感器TV开口三角形侧，此外还需添加时间继电器、信号继电器等设备，接线和极性如图2-10（c）所示。

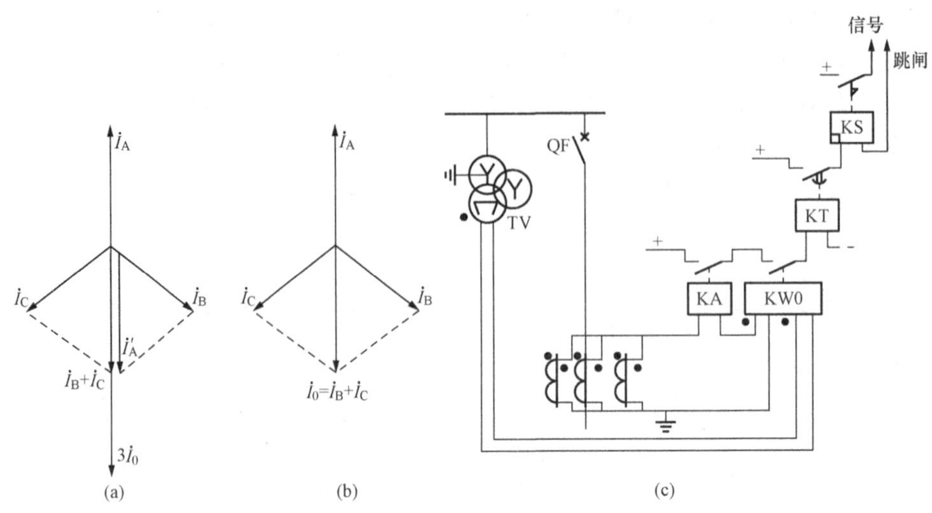

图 2-10 分析题 7 答图

（五）计算题

1. 如图 2-11 所示，35kV 单侧电源辐射形线路 L1 的保护方案拟定为三段式电流保护。保护采用两相星形接线，已知线路 L2 过电流保护时限为 2.5s，线路 L1 的正常最大工作电流为 176A，电流互感器变比为 300/5，在最大运行方式下及最小运行方式下，k1、k2 和 k3 点三相短路电流值见表 2-1。

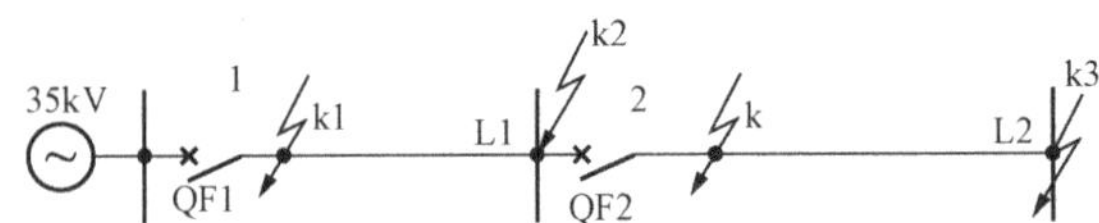

图 2-11 计算题 1 的网络接线图

表 2-1 **计算题 1 中各点短路电流值**

短　路　点	k1	k2	k3
最大运行方式下三相短路电流（A）	3400	1610	520
最小运行方式下三相短路电流（A）	2780	1350	490

解 （1）线路 L1 的无时限电流速断保护（电流Ⅰ段）。

保护装置一次侧动作电流为

$$I_{\text{op1}}^{\text{I}} = K_{\text{rel}} I_{\text{k2.max}}^{(3)} = 1.3 \times 1610 = 2093(\text{A})$$

继电器动作电流为

$$I_{\text{op1.r}}^{\text{I}} = \frac{K_{\text{con}}}{K_{\text{AT}}} I_{\text{op1}}^{\text{I}} = \frac{1}{300/5} \times 2093 = 34.9(\text{A})$$

查找相关继电器产品手册，可选取动作电流整定范围为 12.5～50A 的 DL-21/50 型电流继电器。

灵敏系数校验：按下式计算出最小保护段范围的百分值为

$$\frac{l_{\text{p.min}}}{l} \times 100\% = \frac{I_{\text{k1.min}} - I_{\text{op1}}}{I_{\text{k1.min}} - I_{\text{k2.min}}} \times \frac{I_{\text{k2.min}}}{I_{\text{op1}}} \times 100\%$$

$$=\frac{2780-2093}{2780-1350}\times\frac{1350}{2093}\times100\%$$
$$=31.0\%>15\%\sim20\%$$

从保护范围来看尚能满足要求，可以装设。

（2）线路L1带时限电流速断保护（电流Ⅱ段）。

线路L2无时限速断保护电流 I_{op2}^{I} 为

$$I_{op2}^{I}=K_{rel}^{I}I_{k3.max}=1.3\times520=676(A)$$

线路L1带时限电流速断保护动作电流为

$$I_{op1}^{II}=K_{rel}^{II}I_{op2}^{I}=1.1\times676=744(A)$$

继电器的动作电流为

$$I_{op1.r}^{II}=\frac{I_{op1}^{II}}{K_{AT}}K_{con}=\frac{744}{300/5}\times1=12.4(A)$$

查找相关继电器产品手册，可选取电流整定值范围5～20A的DL-21C/20型电流继电器。带时限电流速断保护动作时限应与L2无时限电流速断相配合 $t_1^{II}=t_2^{I}+\Delta t$，取 $t_2^{I}=0s$，$\Delta t=0.5s$，则 $t_1^{II}=0.5s$，此时可选用时限整定范围为0.15～1.5s的DS-11型时间继电器。本保护整定为0.5s。

线路L1带时限电流速断保护的灵敏系数校验，有

$$K_{s.m}^{II}=\frac{I_{k2.min}^{(2)}}{I_{op1}^{II}}=\frac{\frac{\sqrt{3}}{2}I_{k2.min}^{(3)}}{I_{op1}^{II}}=\frac{\sqrt{3}}{2}\times\frac{1350}{744}=1.57>1.5\quad 故合格$$

（3）过电流保护（电流Ⅲ段）。

定时限过电流保护装置一次侧动作电流为

$$I_{op1}^{III}=\frac{K_{rel}^{III}K_{ss}}{K_{re}}I_{L.max}=\frac{1.2\times1.3}{0.85}\times176=323(A)$$

继电器的动作电流为

$$I_{op1.r}^{III}=\frac{K_{con}}{K_{AT}}I_{op1}^{III}=\frac{1}{300/5}\times323=5.4(A)$$

查找相关继电器产品手册，可选取电流整定值范围为2.5～10A的DL-21C/10型电流继电器，其动作时限应与线路L2定时限过流保护时限 t_2^{III} 相配合，即

$$t_1^{III}=t_2^{III}+\Delta t=2.5+0.5=3(s)$$

查找相关继电器产品手册，可选取时间整定值范围为1.2～5s的DS-22型时间继电器。

线路L1定时限过电流保护应按线路L1末端k2点短路时进行校验和下一级线路L2末端k3点短路时分别进行校验。

在线路L1末端k2点短路时过电流保护的灵敏系数：

近后备保护 $$K_{s.min}^{III}=\frac{I_{k2.min}^{(2)}}{I_{op1}^{III}}=\frac{\frac{\sqrt{3}}{2}I_{k2.min}^{(3)}}{I_{op1}^{III}}=\frac{\sqrt{3}}{2}\times\frac{1350}{323}=3.6>1.5$$

在线路L2末端k3点短路时过电流保护的灵敏系数：

远后备保护 $$K_{s.min}^{III}=\frac{I_{k3.min}^{(3)}}{I_{op1}^{III}}=\frac{0.866I_{k3.min}^{(3)}}{I_{op1}^{III}}=\frac{0.866\times490}{323}=1.31>1.2\quad 合格$$

2. 如图2-12所示，网络中每条线路的断路器上均装有三段式电流保护。已知电源最

大、最小等效阻抗 $X_{s.max}=9\Omega$、$X_{s.min}=6\Omega$，线路阻抗 $X_{AB}=10\Omega$，$X_{BC}=30\Omega$。线路 L2 过电流保护时限为 2.5s，线路 L1 最大负荷电流为 150A，电流互感器采用两相星形接线，其变比为 300/5，试计算各段保护的动作电流及动作时限，校验保护的灵敏系数，并选择保护装置的主要继电器。

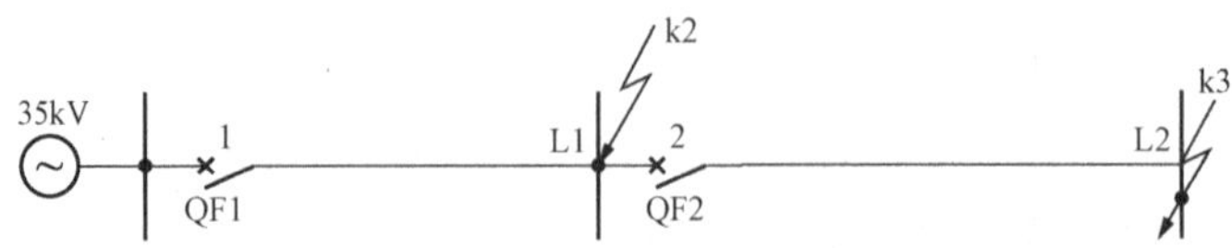

图 2-12 计算题 2 的网络接线图

解 （1）计算 k2 点、k3 点最大、最小运行方式下的三相短路电流。

k2 点
$$I_{k2.max}^{(3)}=\frac{E_{\varphi}}{X_{s.min}+X_{AB}}=\frac{37/\sqrt{3}}{6+10}=1.335(\text{kA})$$

$$I_{k2.max}^{(3)}=\frac{E_{\varphi}}{X_{s.max}+X_{AB}}=\frac{37/\sqrt{3}}{9+10}=1.124(\text{kA})$$

k3 点
$$I_{k3.max}^{(3)}=\frac{E_{\varphi}}{X_{s.min}+X_{AB}+X_{BC}}=\frac{37/\sqrt{3}}{6+10+30}=0.464(\text{kA})$$

$$I_{k3.min}^{(3)}=\frac{E_{\varphi}}{X_{s.max}+X_{AB}+X_{BC}}=\frac{37/\sqrt{3}}{9+10+30}=0.436(\text{kA})$$

（2）线路 L1 的断路器 QF1 处电流保护第Ⅰ段整定计算，即无时限电流速断保护的整定计算。

1）保护装置一次侧动作电流 I_{op1}^{I} 为

$$I_{op1}^{\text{I}}=K_{rel}^{\text{I}}I_{k2.max}=1.3\times1.335=1.736(\text{kA})$$

2）保护装置二次侧动作电流，即继电器的动作电流 $I_{op1.r}^{\text{I}}$ 为

$$I_{op1.r}^{\text{I}}=\frac{K_{con}}{K_{AT}}I_{op1}^{\text{I}}=\frac{1}{300/5}\times1736=28.9(\text{A})$$

式中电流互感器采用两相不完全星形接线，$K_{con}=1$，选用 DL-11/50 型电流继电器，其动作电流整定范围为 12.5～50A。

3）最小灵敏系数校验

$$X_1l_{p.min}^{\text{I}}=\frac{\sqrt{3}}{2}\times\frac{E_{\varphi}}{I_{op1}^{\text{I}}}-X_{s.max}=\frac{\sqrt{3}}{2}\times\frac{37/\sqrt{3}}{1.736}-9=1.632$$

$$\frac{X_1l_{p.min}^{\text{I}}}{X_1l_{AB}}=\frac{1.632}{10}\times100\%=16.3\%>15\% \quad 合格$$

式中 X_1——线路每千米的正序阻抗，Ω/km；

$l_{p.min}^{\text{I}}$——断路器 QF1 处电流保护第Ⅰ段的最小保护范围。

4）第Ⅰ段电流保护动作时限为 $t_1^{\text{I}}=0$s。

（3）线路 L1 带时限电流速断（第Ⅱ段）保护整定计算。

1）线路 L2 电流保护第Ⅰ段动作电流为

$$I_{op2}^{\text{I}}=K_{rel}^{\text{I}}I_{k3.max}=1.2\times0.464=0.557(\text{kA})$$

2）线路 L1 电流保护第Ⅱ段动作电流 I_{op1}^{II} 为

$$I_{op1}^{\text{II}} = K_{rel}^{\text{II}} I_{op2}^{\text{I}} = 1.1 \times 557 = 613(\text{A})$$

3）继电器动作电流为

$$I_{op1.r}^{\text{II}} = \frac{K_{con}}{K_{TA}} I_{op1}^{\text{II}} = \frac{1}{300/5} \times 613 = 10.2(\text{A})$$

选用 DL-11/20 型电流继电器，其动作电流整定范围为 5～20A。

4）动作时限应与 L2 电流保护第Ⅰ段配合，$t_1^{\text{II}} = t_2^{\text{I}} + \Delta t$，取 $\Delta t = 0.5\text{s}$，$t_2^{\text{I}} = 0$，则 $t_1^{\text{II}} = 0.5\text{s}$。可选用 DS-111 型时间继电器，其时限整定范围为 0.1～1.3s，本保护整定为 0.5s。

5）校验电流保护第Ⅱ段灵敏系数。带时限电流速断保护为保证线路 L1 末端短路时可靠动作，以 k2 点两相短路最小短路电流来校验最小灵敏系数。则

$$K_{s.min}^{\text{II}} = \frac{I_{k2.min}^{(2)}}{I_{op1}^{\text{II}}} = \frac{\sqrt{3}}{2} \times \frac{I_{k2.min}^{(3)}}{I_{op1}^{\text{II}}} = \frac{0.866 \times 1.124}{0.613} = 1.59 > 1.5 \quad \text{合格}$$

（4）线路 L1 电流保护（第Ⅲ段）整定计算。

1）定时限过电流保护一次侧动作电流 I_{op1}^{III} 为

$$I_{op1}^{\text{III}} = \frac{K_{rel}^{\text{III}} K_{ss}}{K_{re}} I_{L.max}$$

式中　K_{rel}^{III}——可靠系数，取 1.2；

K_{re}——返回系数，取 0.85；

K_{ss}——自启动系数，取 1.3。

则

$$I_{op1}^{\text{III}} = \frac{1.2 \times 1.3}{0.85} \times 150 = 275.3(\text{A})$$

2）继电器动作电流为

$$I_{op1.r}^{\text{III}} = \frac{K_{con}}{K_{TA}} I_{op1}^{\text{III}} = \frac{275.3}{300/5} = 4.59(\text{A})$$

选用 DL-11/10 型电流继电器，其动作电流整定值范围为 2.5～10A。

3）动作时限 t_1^{III} 应与线路 L2 过电流保护动作时限相配合，即 $t_1^{\text{III}} = t_2^{\text{III}} + \Delta t = 2.5 + 0.5$（s）。选用时间继电器 DS-112 型，时限整定范围为 2.5～3s。本保护动作时限为 3s。

4）线路 L1 电流保护第Ⅲ段的最小灵敏系数校验。

近后备保护：用本级线路 L1 末端 k2 点最小运行方式下两相短路电流校验。则

$$K_{s.min}^{\text{III}} = \frac{I_{k2.min}^{(2)}}{I_{op1}^{\text{III}}} = \frac{\sqrt{3}}{2} \times \frac{I_{k2.min}^{(3)}}{I_{op1}^{\text{III}}} = \frac{0.866 \times 1.124}{0.2753} = 3.5 > 1.5 \quad \text{合格}$$

远后备保护：用相邻下一级线路 L2 末端 k3 点最小运行方式下两相短路电流来校验。则

$$K_{s.min}^{\text{III}} = \frac{I_{k3.min}^{(2)}}{I_{op1}^{\text{III}}} = \frac{\sqrt{3}}{2} \times \frac{I_{k3.min}^{(3)}}{I_{op1}^{\text{III}}} = \frac{0.866 \times 436}{275.3} = 1.37 > 1.2 \quad \text{合格}$$

3. 如图 2-13 所示，35kV 中性点不接地电网中变电站 A 母线引出线 AB 上装设三段式电流保护，保护采用两相星形接线。已知电源等值阻抗 $X_s = 0.3\Omega$，被保护线路电抗为 0.4Ω/km，可靠系数 $K_{rel}^{\text{I}} = 1.3$、$K_{rel}^{\text{II}} = 1.1$、$K_{rel}^{\text{III}} = 1.2$，线路 AB 长度 $l_{AB} = 10\text{km}$，电动机自启动系数 $K_{ss} = 1.5$，返回系数 $K_{re} = 0.85$，时限阶段 $\Delta t = 0.5\text{s}$，10kV 线路保护最长动作时限为 2.5s。电流互感器变比为 400/5。变压器额定容量 $S_N = 10\text{MVA}$，$U_K\% = 7.5$。

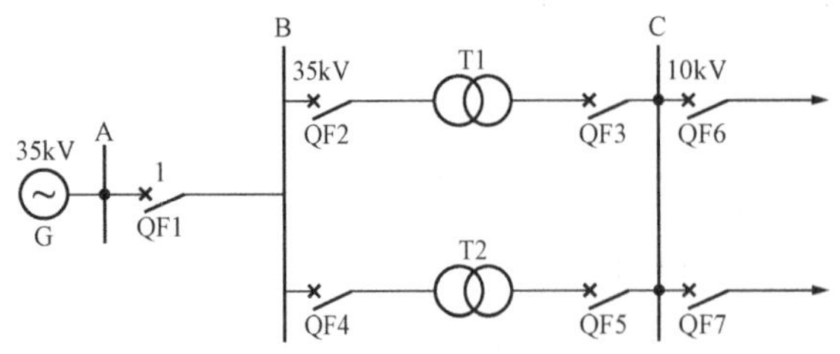

图 2-13　计算题 3 的网络接线图

试计算线路 AB 的各段保护动作电流及动作时限、校验保护的灵敏系数，并选择主要继电器。

解　(1) 计算线路 AB 各段保护动作电流及动作时限。

1) 对线路 AB 断路器 QF1 处电流保护第 Ⅰ 段的整定计算。

电流保护第 Ⅰ 段的动作电流应躲过本线路末端的最大短路电流 $I^{(3)}_{kB.max}$，即

$$I^{\mathrm{I}}_{op1} = K^{\mathrm{I}}_{rel} I_{kB.max}$$

而
$$I^{(3)}_{kB.max} = \frac{E_{\varphi}}{X_{s.min} + X_{AB}} = \frac{37/\sqrt{3}}{0.3+0.4\times 10} = \frac{21.36}{4.3} = 4.97(\mathrm{kA})$$

故
$$I^{\mathrm{I}}_{op1} = 1.3\times 4.97 = 6.46(\mathrm{kA})$$

保护装置一次侧动作电流为 6.46kA，继电器动作电流为

$$I^{\mathrm{I}}_{op1.r} = \frac{K_{con}}{K_{TA}} I^{\mathrm{I}}_{op1} = \frac{1}{400/5}\times 6460 = 80.75(\mathrm{A})$$

选用 DL-34 型电流继电器，电流整定范围为 25～100A。

电流速断保护灵敏性用其保护范围长度来衡量，最小保护范围为

$$l^{\mathrm{I}}_{p.min} = \frac{1}{X}\left(\frac{\sqrt{3}}{2}\frac{E_{\varphi}}{I^{\mathrm{I}}_{op1}} - X_{s.max}\right)$$

$$= \frac{1}{0.4}\times\left(\frac{\sqrt{3}}{2}\times\frac{37/\sqrt{3}}{6.46} - 0.3\right) = \frac{2.56}{0.4} = 6.41(\mathrm{km})$$

$$m = l^{\mathrm{I}}_{p.min}\% = \frac{l^{\mathrm{I}}_{p.min}}{l_{AB}}\times 100\% = \frac{6.41}{10}\times 100\% = 64.1\% > 15\% \quad 合格$$

2) 断路器 QF1 处电流保护 Ⅱ 段整定计算。

电流保护第 Ⅱ 段动作电流 I^{II}_{op1} 为与相邻变压器速断保护相配合，应按躲过母线 C 最大运行方式时流过保护处的最大三相短路电流来整定（变压器并联运行时）。则

$$I_{kC.max} = \frac{E_{\varphi}}{X_{s.min} + X_{AB} + \frac{X_T}{2}} = \frac{37/\sqrt{3}}{0.3+4+\frac{9.2}{2}} = 2.43(\mathrm{kA})$$

变压器阻抗为

$$X_T = \frac{U_K\%}{100}\times\frac{U^2_{1N}}{S_N} = \frac{7.5}{100}\times\frac{35^2}{10} = 9.2(\Omega)$$

保护装置一次侧动作电流为

$$I^{\mathrm{II}}_{op1} = K^{\mathrm{II}}_{rel} I_{kC.max} = 1.1\times 2.43 = 2.67(\mathrm{kA})$$

继电器的动作电流为

$$I^{\mathrm{II}}_{op1.r} = \frac{K_{con}}{K_{TA}} I^{\mathrm{II}}_{op1} = \frac{1}{400/5}\times 2670 = 33.38(\mathrm{A})$$

最小灵敏系数为

$$K^{\mathrm{II}}_{s.m} = \frac{I^{(2)}_{kB.min}}{I^{\mathrm{II}}_{op1}} = \frac{\frac{\sqrt{3}}{2}\times 4.79}{2.67} = 1.61 > 1.5$$

动作时限为

$$t_1^{\text{II}} = t_1^{\text{II}} + \Delta t = 0 + 0.5 = 0.5(\text{s})$$

选 DL-34 型，电流整定范围为 12.5～50A；

选 DS-31/2X 型，时间整定范围为 0.125～1.25s。

3）电流保护第Ⅲ段整定计算。则

$$I_{\text{L. max}} = \frac{s_{\text{L. max}}}{\sqrt{3}U_{\text{N}}} = \frac{15}{\sqrt{3}\times 35} = 0.247(\text{kA}) = 247(\text{A})$$

保护装置一次侧动作电流 $I_{\text{op1}}^{\text{III}}$ 为

$$I_{\text{op1}}^{\text{III}} = \frac{K_{\text{rel}}^{\text{III}}K_{\text{ss}}}{K_{\text{re}}}I_{\text{L. max}} = \frac{1.2\times 1.5}{0.85}\times 247 = 523(\text{A})$$

继电器的动作电流为

$$I_{\text{op1. r}}^{\text{III}} = \frac{K_{\text{con}}}{K_{\text{TA}}}I_{\text{op1}}^{\text{III}} = \frac{1}{400/5}\times 523 = 6.54(\text{A})$$

选 DL-33 型电流继电器，电流整定范围为 2.5～10A。

动作时限 $t_1^{\text{III}} = t_2^{\text{III}} + \Delta t = 2.5 + 0.5 = 3$（s），选用时间继电器 DS-32/X 型，时限整定范围为 0.5～5s。

（2）灵敏系数校验。

1）本线路末端短路（近后备保护），则

$$K_{\text{s. min}}^{\text{III}} = \frac{\sqrt{3}}{2}\frac{I_{\text{KB}}^{(3)}}{I_{\text{op1}}^{\text{III}}} = \frac{0.866\times 4.79}{523} = 4.3 > 1.5$$

2）相邻变压器出口 C（变压器单台运行）三相短路时

$$I_{\text{kC. min}}^{(3)} = \frac{E_{\varphi}}{X_{\text{S}} + X_{\text{AB}} + X_{\text{B}}} = \frac{37/\sqrt{3}}{0.3 + 4 + 9.2} = 1.58(\text{kA})$$

考虑到 C 点短路时，Yd11 接线变压器短路，应考虑两相短路时最不利情况，保护采用两相星形接线。则

$$I_{\text{kC. min}}^{(2)} = \frac{1}{2}I_{\text{kC. min}}^{(3)}$$

$$K_{\text{s. min}}^{\text{III}} = \frac{I_{\text{kC. min}}^{(2)}}{I_{\text{op1}}^{\text{III}}} = \frac{\frac{1}{2}\times 1580}{523} = 1.5 > 1.2 \quad \text{合格}$$

如采用三相星形接线，灵敏系数可以提高。

第三章　电网的距离保护

一、基本内容和学习要点

1. 掌握距离保护的工作原理，了解主要组成元件及动作时限特性。

2. 重点掌握阻抗继电器的有关问题。其中包括：

（1）常用的几种阻抗继电器的名称、特点以及动作参数。

（2）熟练地掌握运用幅值比较原理和相位比较原理在复平面上分析阻抗继电器的动作特性。

（3）掌握阻抗继电器用于相间短路的基本接线方式；了解阻抗继电器用于接地保护的基本接线方式。

（4）掌握方向阻抗继电器产生死区的原因、消除死区的措施。

3. 掌握影响距离保护正确工作的因素。其中的主要要求为：

（1）掌握过渡电阻对距离保护工作的影响及其防护措施。

（2）掌握电力系统振荡的影响及其防护措施。

（3）掌握分支电流的影响及其防护措施。

（4）了解电压回路断线的影响及其防护措施。

4. 熟练地掌握三段式距离保护的整定计算原则和整定计算方法。

二、习题解答

3-1　距离保护的工作原理是什么？它与电流保护的主要区别是什么？

答：距离保护是测量保护安装处至故障点的距离，并根据距离的远近而确定动作时限的一种保护装置。测量保护安装处至故障点的距离，实际上是测量保护安装处至故障点之间的阻抗大小，故有时又称之为阻抗保护。

区别：距离保护的实质是用整定阻抗 Z_{set} 与被保护线路的测量阻抗 Z_m 比较，是双量保护，反映减量而动作；电流保护的实质是用动作电流 I_{op} 与被保护线路上流过的电流比较，是单量保护，反映增量而动作。

3-2　什么叫测量阻抗、动作阻抗、整定阻抗、返回阻抗、短路阻抗和负荷阻抗？

答：测量阻抗：是指加入继电器的电压和电流的比值。

动作阻抗：使继电器动作的最大阻抗值称为继电器的动作阻抗，也称为整定阻抗。

返回阻抗：使继电器返回原来位置的最小阻抗值称为继电器的返回阻抗。

短路阻抗：被保护线路发生故障时，保护安装处的测量电压为母线残压，测量电流为短路电流，此时的测量阻抗为短路阻抗。

负荷阻抗：正常运行时保护安装处测量到的线路阻抗为负荷阻抗。

3-3　具有圆特性的全阻抗继电器、方向阻抗继电器、偏移特性的阻抗继电器各有什么特性？

答：（1）全阻抗继电器：它是以整定阻抗 Z_{set} 为半径，以坐标原点为圆心的一个圆，动作区在圆内。测量阻抗在圆内任何象限时，阻抗继电器都能动作，即它没有方向性。动作与边界条件为：

幅值比较：$|Z_{set}|\geqslant|Z_m|$；

相位比较：$-90°\leqslant\arg\dfrac{Z_{set}-Z_m}{Z_{set}+Z_m}\leqslant90°$。

（2）方向阻抗继电器：方向阻抗继电器的动作特性为一个圆，圆的直径为整定阻抗Z_{set}，圆周通过坐标原点，动作区在圆内。当正方向短路时，若故障在保护范围内部，继电器动作。当反方向短路时，测量阻抗在第Ⅲ象限，继电器不动作，即继电器动作具有方向性。动作与边界条件为：

幅值比较：$\left|\dfrac{1}{2}Z_{set}\right|\geqslant\left|Z_m-\dfrac{1}{2}Z_{set}\right|$；

相位比较：$-90°\leqslant\arg\dfrac{Z_{set}-Z_m}{Z_m}\leqslant90°$。

（3）偏移特性阻抗继电器：它有两个整定阻抗Z_{set1}，即正方向整定阻抗Z_{set1}和反向整定阻抗Z_{set2}。$Z_{set1}+Z_{set2}$为圆的直径，坐标原点在圆内，特性圆半径为$\left|\dfrac{1}{2}(Z_{set1}+Z_{set2})\right|$，圆心坐标为$Z_{O'}=\dfrac{1}{2}(Z_{set1}-Z_{set2})$。圆内为动作区，圆外为不动作区。动作与边界条件为：

幅值比较：$\left|\dfrac{1}{2}(Z_{set1}+Z_{set2})\right|\geqslant\left|Z_m-\dfrac{1}{2}(Z_{set1}-Z_{set2})\right|$；

相位比较：$-90°\leqslant\arg\dfrac{Z_{set1}-Z_m}{Z_{set2}+Z_m}=\theta\leqslant90°$。

3-4　方向阻抗继电器为什么要标出电流、电压的极性？如果在实际接线中将其中之一极性接反了，会产生什么后果？如果两个极性都接反了呢？

答：因为阻抗继电器是通过引入的电压、电流测出阻抗值，阻抗有大小，而且还有角度。角度关系到线路是正方向故障还是反方向故障。对于方向阻抗继电器，其动作值不仅与阻抗大小有关，还与阻抗角有关，即保护只反应正方向故障。若其中一个极性接反，则会出现线路正方向故障时，保护认为是反方向故障，保护拒动，而线路反方向故障时，保护则认为是正方向故障，从而误动作，严重违反了继电保护可靠性的要求。若两个极性接反，则不会有问题。

3-5　方向阻抗继电器为什么会有死区？如何消除？全阻抗继电器有无死区？为什么？

答：当在保护安装地点正方向出口处发生相间短路时，故障线路母线上的残余电压将降低到零。此时，方向阻抗继电器将因加入的电压为零而不能动作，从而出现保护装置的死区。

消除方法采用记忆回路或引入第三相电压。

全阻抗继电器无电压死区，因为阻抗坐标原点包含在动作阻抗圆内，即使保护安装处附近发生三相短路残压为零，则测量阻抗为零落在坐标原点，也属于动作区，保护正确动作。

3-6　有一方向阻抗继电器，其整定阻抗为$Z_{set}=20\angle60°\Omega$，若测量阻抗为$Z_m=15\angle15°\Omega$，问该继电器能否动作，为什么？

答：不能动作。

因为$\left|\frac{1}{2}Z_{set}\right|=10<\left|Z_m-\frac{1}{2}Z_{set}\right|=10.63$，不满足继电器动作条件，故继电器不动作。

3-7　附加“记忆回路”可以消除阻抗继电器在所有类型时的死区（包括暂态和稳态）。这种说法对吗？为什么？

答：不对，只在暂态时可以消除死区。在出口处短路时，外加测量电压$\dot{U}_m=0$，由于谐振回路的储能作用，极化电压$\dot{U}_P$在衰减到零之前存在，且与$\dot{U}_m$同相位。由于继电器记录了故障前的电压，故方向阻抗继电器消除了死区。但稳态时极化电压$\dot{U}_P$衰减为零，继电器不动作，所以在稳态时不能消除死区。

3-8　引入第三相电压可以消除阻抗继电器在所有类型时的死区（包括暂态和稳态）。这种说法对吗？为什么？

答：不对，三相短路时的死区无法消除。因为此时三个相电压和相间电压均为零。

3-9　0°、30°、−30°接线的阻抗继电器应接什么电流、电压？

答：

接线方式 / 继电器	0°		−30°		30°	
	$\dot{U}_m$	$\dot{I}_m$	$\dot{U}_m$	$\dot{I}_m$	$\dot{U}_m$	$\dot{I}_m$
KR1	$\dot{U}_{AB}$	$\dot{I}_A-\dot{I}_B$	$\dot{U}_{AB}$	$-\dot{I}_B$	$\dot{U}_{AB}$	$\dot{I}_A$
KR2	$\dot{U}_{BC}$	$\dot{I}_B-\dot{I}_C$	$\dot{U}_{BC}$	$-\dot{I}_C$	$\dot{U}_{BC}$	$\dot{I}_B$
KR3	$\dot{U}_{CA}$	$\dot{I}_C-\dot{I}_A$	$\dot{U}_{CA}$	$-\dot{I}_A$	$\dot{U}_{CA}$	$\dot{I}_C$

3-10　精确工作电流的含义是什么？阻抗继电器为什么要考虑精确工作电流？

答：阻抗继电器中，当继电器的动作阻抗等于0.9倍整定阻抗时，流入继电器的工作电流值称为精确工作电流，简称精工电流。为了把动作阻抗的误差限制在一定的范围内，就要考虑精确工作电流，它是阻抗继电器的最重要指标之一。

3-11　过渡电阻对保护的影响在长线路上大，还是在短线路上大？为什么？

答：在短线路上大。保护装置离短路点越近时测量阻抗受过渡电阻的影响越大，保护范围缩小。

3-12　过渡电阻对距离Ⅰ段的影响大，还是对其Ⅱ段的影响大？为什么？

答：短路过渡电阻可能导致保护不正确动作，过渡电阻越大，对保护影响也越大，但由于过渡电阻一般随短路时间增大而增大，而距离保护Ⅰ段动作时间很短，故受过渡电阻影响相对较小，而距离Ⅱ段保护测量阻抗受过渡电阻影响较大。

3-13　电力系统振荡的特点是什么？对距离保护有什么影响？振荡闭锁装置可以采用哪些原理来实现？

答：其特点：①振荡时电流和各电压幅值的变化速度较慢。②振荡时电流和各点电压幅值均作周期性变化，各点电压与电流之间的相位角也作周期性变化。③振荡时三相完全对称，电力系统中不会出现负序分量。

对距离保护的影响：①继电器动作特性在阻抗平面沿直线OO′方向所占的面积越大，保护安装地点越靠近振荡中心，受振荡影响就越大。②振荡中心在保护范围以外时，距离保护不受振荡影响。③保护动作延时较大时，可以利用延时躲开振荡的影响。

振荡闭锁装置的实现原理：①利用负序（和零序）分量或其增量启动振荡闭锁回路。②利用电气量变化速度的不同来构成振荡闭锁回路。

3-14　分支电流对距离保护有何影响？

答：助增电流的影响：助增电流使测量阻抗增大，保护范围缩短。

外汲电流的影响：外汲电流使测量阻抗减小，保护范围增大，可能引起无选择性动作。

3-15　不同特性的阻抗继电器（如全阻抗继电器、方向阻抗继电器、偏移特性阻抗继电器）在承受过渡电阻的能力上哪一种最强？哪一种最严重？

答：在承受过渡电阻的能力上全阻抗继电器最强，在遭受振荡影响的程度上全阻抗继电器受的影响最大。

3-16　为什么要防止阻抗继电器所在的电压互感器二次回路断线？断线时会发生什么后果？如何防止？是否所有的阻抗继电器都要防止电压互感器二次回路断线？

答：当电压互感器二次回路断线时，距离保护将失去电压，这时阻抗元件失去电压而电流回路仍有负荷电流通过，从而使测量阻抗小于整定阻抗，可能造成误动作。对此，在距离保护中应装设断线闭锁装置。对断线闭锁装置的主要要求是：

（1）当电压互感器发生各种可能导致保护误动作的故障时，断线闭锁装置均应动作，将保护闭锁并发出相应的信号。

（2）当被保护线路发生各种故障时，不因故障电压的畸变错误地将保护闭锁，以保证保护可靠动作。

断线信号装置大都是反应于断线后所出现的零序电压来构成的，其原理接线如图3-1所示。断线信号继电器KS有两组线圈，其工作线圈W_1接于由C_a、C_b、C_c组成的零序电压过滤器的中性线上。当电压回路断线时，断线信号继电器动作，一方面将保护闭锁，一方面发出断线信号。这种反应于零序电压的断线信号装置，在系统中发出接地故障时也会动作，为此，将KS的另一组线圈W_2经C_0和R_0接于电压互感器二次侧开口三角形的输出电压$3U_0$上，当系统中出现零序电压时，两组线圈W_1和W_2所产生的零序电压安匝大小相等、方向相反，合成磁通为零，KS不动作。为防止三相熔断器同时熔断而KS不动作，可在一相熔断器上并联一个参数适当的电容器，这样当电压回路三相断线时，就可通过此电容器给KS加入一相电压，

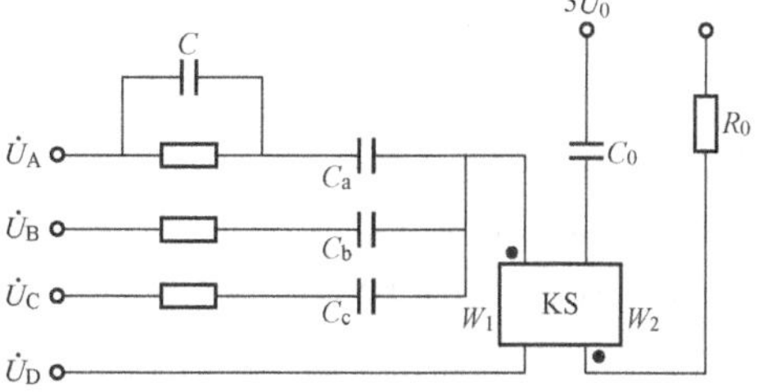

图3-1　电压回路断线信号装置原理接线图

使它动作发出信号。

不是所有的阻抗继电器都要防止电压互感器二次回路断线，方向阻抗继电器不会因断线而误动作。

3-17　在分析电压互感器二次回路断线对阻抗继电器的影响时，一般是说，由于断线使继电器端子上的电压可能为零，从而将引起阻抗继电器误动。然而，在此前分析“死区”问题时则说，当保护安装处出口短路时，可使继电器端子上电压为零，从而会引起保护拒动。这两种情况，都是使继电器端子上电压为零，但其结果为什么一个是误动，一个是拒动？这不矛盾吗？为什么？

答：不矛盾。误动是指全阻抗继电器在电压互感器二次回路断线时会误动，而拒动是指方向阻抗继电器在保护出口处短路时，由于继电器端子上电压为零，从而会引起保护拒动。

3-18　在图3-2所示的网络中，各线路均装有距离保护，试对其中保护1的相间短路保护Ⅰ、Ⅱ、Ⅲ段进行整定计算。已知线路AB的最大负荷电流$I_{L.max}=350A$，功率因数$\cos\varphi=0.9$，各线路每公里阻抗$Z_1=0.4\Omega$，阻抗角$\varphi_d=70°$，电动机的自启动系数$K_{ss}=1.5$，继电器的返回系数$K_{re}=1.2$，并设$K'_{rel}=0.85$、$K''_{rel}=0.8$、$K'''_{rel}=1.2$，变压器采用能保护整个变压器的无时限纵差动保护。

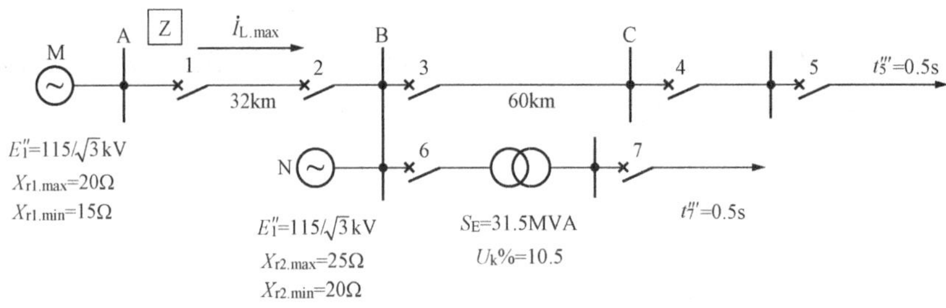

图3-2　题3-18网络图

解　1. 计算阻抗

$$Z_{AB}=0.4\times32=12.8(\Omega)$$

$$Z_{BC}=0.4\times60=24(\Omega)$$

$$Z_T=\frac{U_d\%}{100}\times\frac{U_T^2}{S_T}=\frac{10.5}{100}\times\frac{115^2}{31.5}=44.1(\Omega)$$

2. 距离Ⅰ段的整定

（1）动作阻抗

$$Z'_{op.1}=K'_{rel}Z_{AB}=0.85\times12.8=10.88(\Omega)$$

（2）动作时间$t_1'=0$（s）。

3. 距离Ⅱ段的整定

（1）动作阻抗。按下列两个条件选择。

1）与相邻线路BC的保护3的Ⅰ段配合，则

$$K_b=\frac{I_2}{I_1}=\frac{X_{r1.min}+Z_{AB}+X_{r2.max}}{X_{r2.max}}=\frac{15+12.8}{25}+1=2.1$$

$$Z''_{op.1}=K''_{rel}(Z_{AB}+K'_{rel}Z_{BC}K_b)=0.8\times(12.8+0.85\times2.1\times24)=44.7(\Omega)$$

2）按躲开相邻变压器低压侧出口短路整定，则

$$K_{b.min}=\frac{I_3}{I_1}=\frac{X_{r1.min}+Z_{AB}}{X_{r2.max}}+1=\frac{15+12.8}{25}+1=2.1$$

$$Z''_{op.1}=K''_{rel}(Z_{AB}+K_bZ_B)=0.7\times(12.8+2.1\times44.1)=74.16(\Omega)$$

此处取 $K''_{rel}=0.7$。

取以上两个计算中较小者为Ⅱ段的整定值，即取 $Z''_{op.1}=44.7$（Ω）。

（2）动作时间　$t''_1=t'_3+\Delta t=0.5$（s）

（3）灵敏度校验　$K_{sen}=\frac{Z''_{op.1}}{Z_{AB}}=\frac{44.7}{12.8}=3.49>1.5$　满足要求

4. 距离Ⅲ段的整定

（1）动作阻抗：按躲开最小负荷阻抗整定。则

$$Z'''_{op.1}=\frac{Z_{L.min}}{K'''_{rel}K_{re}K_{ss}\cos(\varphi_k-\varphi_L)}$$

$$Z_{L.min}=\frac{U_{A.min}}{I_{A.max}}=\frac{0.9\times110}{\sqrt{3}I_{L.max}}=\frac{0.9\times110}{\sqrt{3}\times0.35}=163.5(\Omega)$$

$$Z'''_{op.1}=\frac{163.5}{1.2\times1.5\times1\times\cos(70^\circ-25.8^\circ)}=105.5(\Omega)$$

（2）动作时间 $t'''_1=t'''_8+3\Delta t$ 或 $t'''_1=t'''_{10}+2\Delta t$，取其中较长者，则

$$t'''_1=0.5+3\times0.5=2.0(s)$$

（3）灵敏度校验。

1）本线路末端短路时的灵敏系数为

近后备保护　$K_{sen}=\frac{Z'''_{op.1}}{Z_{AB}}=\frac{105.5}{12.8}=8.24>1.5$　满足要求

2）相邻元件末端短路时的灵敏系数。

①相邻线路末端短路时的灵敏系数为

远后备保护　$K_{sen}=\frac{Z'''_{op.1}}{Z_{AB}+K_{b.max}Z_{BC}}$

$$K_{b.max}=\frac{X_{r1.max}+Z_{AB}+X_{r2.min}}{X_{r2.min}}=\frac{20+12.8+20}{20}=2.64$$

远后备保护　$K_{sen}=\frac{105.5}{12.8+2.64\times24}=1.39>1.2$　满足要求

②相邻变压器低压侧出口短路时的灵敏系数中，最大分支系数为

$$K_{b.max}=\frac{X_{r1.max}+Z_{AB}+X_{r2.min}}{X_{r2.min}}=\frac{20+12.8+20}{20}=2.64$$

远后备保护　$K_{sen}=\frac{Z'''_{op.1}}{Z_{AB}+K_{b.max}Z_T}=\frac{105.5}{12.8+2.64\times44.1}$

$=0.82<1.2$　不满足要求

3-19　在图3-3所示的网络中，各线路均装有距离保护，试对其中保护1的相间短路保护Ⅰ、Ⅱ、Ⅲ段进行整定计算。已知线路AB的最大负荷电流 $I_{L.max}=280A$，$\cos\varphi=0.9$，

各线路每公里阻抗 $Z_1=0.4\Omega$，阻抗角 $\varphi_d=70°$，$K_{ss}=1.5$，$K_{re}=1.2$，$t'''_B=1s$，$t'''_{12}=1s$，并设 $K'_{rel}=0.85$，$K'''_{rel}=1.2$，变压器采用能保护整个变压器的无时限纵差动保护。

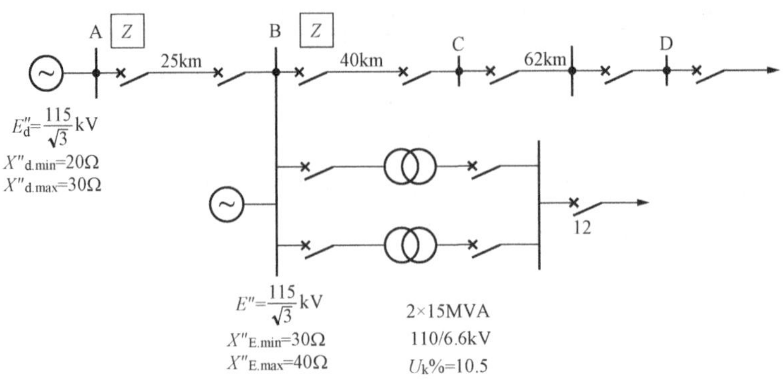

图 3-3　题 3-19 图

解　1. 计算阻抗

$$Z_{AB}=0.4\times25=10(\Omega)$$

$$Z_{BC}=0.4\times40=16(\Omega)$$

$$Z_T=\frac{U_d\%}{100}\times\frac{U_T^2}{S_T}=\frac{10.5}{100}\times\frac{115^2}{15}=92.575(\Omega)$$

2. 距离Ⅰ段的整定

(1) 动作阻抗　$Z'_{op.1}=K'_{rel}Z_{AB}=0.85\times10=8.5(\Omega)$

(2) 动作时间 $t'_1=0(s)$。

3. 距离Ⅱ段的整定

(1) 动作阻抗。按下列两个条件选择：

1) 与相邻线路 BC 的保护 3 的Ⅰ段配合，则

$$K_b=\frac{X''_{d.min}+Z_{AB}+X''_{E.max}}{X''_{E.max}}=\frac{20+10}{25}+1=2.2$$

$$Z''_{op.1}=K''_{rel}(Z_{AB}+K'_{rel}Z_{BC}K_b)=0.8\times(10+0.85\times2.2\times16)=31.936(\Omega)$$

2) 按躲开相邻变压器低压侧出口短路整定，则

$$K_{b.min}=\frac{Z_T}{Z_T+Z_T}\times\frac{X''_{d.min}+Z_{AB}}{X''_{E.max}}+1=\frac{1}{2}\times\left(\frac{20+10}{25}+1\right)=1.1$$

$$Z''_{op.1}=K''_{rel}(Z_{AB}+Z_BK_b)=0.7\times(10+1.1\times92.575)=89.466(\Omega)$$

此处取 $K''_{rel}=0.7$。

取以上两个计算中较小者为Ⅱ段的整定值，即取 $Z''_{op.1}=31.936(\Omega)$。

(2) 动作时间　$t''_1=t'_3+\Delta t=0.5(s)$

(3) 灵敏度校验　$K_{sen}=\frac{Z''_{op.1}}{Z_{AB}}=\frac{31.936}{10}=3.2>1.5$　满足要求

4. 距离Ⅲ段的整定

(1) 动作阻抗：按躲开最小负荷阻抗整定。则

$$Z'''_{op.1}=\frac{Z_{L.min}}{K'''_{rel}K_{re}K_{ss}\cos(\varphi_k-\varphi_L)}$$

$$Z_{L.min}=\frac{U_{A.min}}{I_{A.max}}=\frac{0.9\times110}{\sqrt{3}\cdot I_{L.max}}=\frac{0.9\times110}{\sqrt{3}\times0.28}=204.13(\Omega)$$

$$Z'''_{op.1}=\frac{204.13}{1.2\times1.5\times1.2\times\cos(70^{\circ}-25.8^{\circ})}=131.82(\Omega)$$

(2) 动作时间 $t'''_1=t'''_{12}+2\Delta t$ 或 $t'''_1=t'''_B+\Delta t$，取其中较长者，则

$$t'''_1=1+2\times0.5=2.0(s)$$

(3) 灵敏度校验。

1) 本线路末端短路时的灵敏系数为

近后备保护 $K_{sen}=\frac{Z'''_{op.1}}{Z_{AB}}=\frac{131.82}{10}=13.2>1.5$ 满足要求

2) 相邻元件末端短路时的灵敏系数。

①相邻线路末端短路时的灵敏系数为

远后备保护 $$K_{sen}=\frac{Z'''_{op.1}}{Z_{AB}+K_{b.max}Z_{BC}}$$

$$K_{b.max}=\frac{X''_{d.max}+Z_{AB}+X''_{E.min}}{X''_{E.min}}=\frac{25+10+20}{20}=2.75$$

远后备保护 $K_{sen}=\frac{131.82}{10+2.75\times16}=2.44>1.2$ 满足要求

②相邻变压器低压侧出口短路时的灵敏系数中，最大分支系数为

$$K_{b.max}=\frac{X''_{d.max}+Z_{AB}+X''_{E.min}}{X''_{E.min}}=\frac{25+10+20}{20}=2.75$$

远后备保护 $$K_{sen}=\frac{Z'''_{op.1}}{Z_{AB}+K_{b.max}Z_{T}}$$

$$=\frac{131.82}{10+2.75\times92.575}=0.5<1.2$$ 不满足要求

三、补充题

(一) 填空题

1. 距离保护：是反应__________至__________的距离，并根据__________而确定动作时限的一种保护装置。

答：保护安装处；故障点；距离的远近。

2. 测量阻抗为保护安装处的__________与__________之比。正常运行时：测量阻抗为__________，发生短路故障时，测量阻抗为__________。

答：测量电压；测量电流；负荷阻抗；短路阻抗。

3. 对于距离保护，当测量阻抗__________时，保护动作；当测量阻抗__________时，保护不动作。

答：小于整定阻抗；大于整定阻抗。

4. 距离保护的组成包括__________元件、__________元件、__________元件和________元件。

答：启动；方向；距离；时间。

5. 阻抗继电器主要作用是测量__________到__________之间的距离，并与__________值进行比较，以确定保护是否应该动作。

答： 短路点；保护安装处；整定阻抗。

6. 动作特性为一个圆的阻抗继电器有__________、__________和__________，圆内为__________，圆外为__________。

答： 全阻抗继电器；方向阻抗继电器；偏移特性阻抗继电器；动作区；非动作区。

7. 全阻抗继电器的动作特性是以__________为半径，以__________为圆心的一个圆，幅值比较的动作边界条件为__________，相位比较的动作边界条件为__________。

答： 整定阻抗；坐标原点；$|Z_{set}|\geqslant|Z_m|$；$-90°\leqslant\arg\dfrac{Z_{set}-Z_m}{Z_{set}+Z_m}=\theta\leqslant 90°$。

8. 方向阻抗继电器的动作特性以__________为整定阻抗，__________通过坐标原点，幅值比较的动作边界条件为__________，相位比较的动作边界条件为__________。

答： 圆的直径；圆周；$\left|\dfrac{1}{2}Z_{set}\right|\geqslant\left|Z_m-\dfrac{1}{2}Z_{set}\right|$；$-90°\leqslant\arg\dfrac{Z_{set}-Z_m}{Z_m}=\theta\leqslant 90°$。

9. 阻抗继电器的二极管环形相位比较回路是基于把两个进行比较的电气量的__________转换为__________的极性变化。当相位角$\theta=0°$时，输出电压的平均值为__________；当$\theta=180°$时，输出电压的平均值为__________；当$\theta=90°$时，这时输出电压的平均值是________。

答： 相位变化关系；直流输出脉动电压；正极性最大值；负极性最大值；零。

10. 采用________________和__________可消除方向阻抗继电器的死区。

答： 记忆回路；引入第三相电压。

11. 方向阻抗继电器引入第三相电压，能消除__________故障产生的死区，不能消除__________故障产生的死区。

答： 两相短路；三相短路。

12. 精工电流就是当测量电流等于精工电流时，继电器的动作阻抗等于__________，即比整定阻抗缩小了__________。

答： 0.9倍整定阻抗；10%。

13. 对距离保护接线方式的要求是：继电器的测量阻抗应能准确判断__________；另外，继电器的测量阻抗应与__________无关。

答： 故障地点；故障类型。

14. 阻抗继电器常用的接线方式有四类，即__________、__________、__________和__________。

答： 0°接线；+30°接线；−30°接线；补偿零序电流接线。

15. 阻抗继电器0°接线时，不论什么相间短路，其测量阻抗均等于__________到__________处之间的__________。

答： 短路点；保护安装；正序阻抗。

16. 当阻抗继电器采用30°接线，正常运行及三相短路时，测量阻抗的数值为每相线路阻抗的__________倍，相位则比线路阻抗角偏离__________；两相短路时，测量阻抗的数值为每相短路阻抗的__________倍，相位则等于__________。

答： $\sqrt{3}$；±30°；2；线路的阻抗角。

17. 在输电线路的送电端，采用__________；在输电线路的受电端，采用__________。

答： −30°接线；+30°接线。

18. 对于单侧电源的网络，短路点的过渡电阻使测量阻抗________，保护失去________。

答：增大；选择性。

19. 助增电流的存在会使距离保护的测量阻抗__________，保护范围__________。

答：增大；减小。

20. 外汲电流的存在会使距离保护的测量阻抗__________，保护范围__________。

答：减小；增大。

21. 当保护整定值不变时，分支系数越__________，使保护范围__________，导致灵敏性__________。

答：大；越小；越低。

22. 在系统振荡中心，类似于发生__________故障，当保护安装地点越__________振荡中心，距离保护受到的影响越大。

答：三相短路；接近。

23. 当电力系统发生振荡时，阻抗继电器的测量阻抗将在__________移动。其沿该方向所占的面积越大，受振荡的影响就__________。

答：Z_{Σ}的垂直平分线OO'上；越大。

24. 距离保护受系统振荡的影响与保护的__________地点有关，当振荡中心在__________或位于保护的__________时，距离保护就不会因振荡而误动作。

答：安装；保护范围外；反方向。

25. 采用负序电压滤过器区分电力系统振荡和三相短路，当输出端无电压输出时，判别线路发生__________；当输出端无电压输出时，判别线路发生__________。

答：电力系统振荡；三相短路。

26. 当电压互感器二次回路断线时，距离保护将__________，这时测量阻抗为__________，保护可能造成__________。对此，在距离保护中应装设__________。

答：失去电压；0；误动作；断线闭锁装置。

（二）选择题

1. 当距离保护的测量阻抗__________整定阻抗时，保护能正确动作。

A. 大于　　B. 小于　　C. 等于

2. 全阻抗继电器的动作特性是以__________为半径。

A. 整定阻抗　　B. 测量阻抗　　C. 负荷阻抗

3. 方向阻抗继电器的动作特性是以__________为直径。

A. 负荷阻抗　　B. 测量阻抗　　C. 整定阻抗

4. 对于方向阻抗继电器，采用记忆回路消除死区，通常用在__________。

A. 距离Ⅰ段　　B. 距离Ⅱ段　　C. 距离Ⅲ段

5. 对于方向阻抗继电器，引入第三相电压消除死区，不能消除__________故障产生的死区。

A. 三相短路　　B. 两相短路　　C. 三相短路和两相短路

6. 反应相间短路阻抗继电器的0°接线，在三相短路时，继电器的测量阻抗均等于短路点到保护安装地点之间的__________。

A. 正序阻抗　　B. 负序阻抗　　C. 零序阻抗

7. 在同样整定条件下，受系统振荡影响最大的阻抗继电器是__________。

A. 全阻抗继电器　　B. 方向阻抗继电器　　C. 偏移特性阻抗继电器

8. 短路点过渡电阻的存在，对距离保护的影响最大的是__________。

A. 距离保护Ⅰ段　　B. 距离保护Ⅱ段　　C. 距离保护Ⅲ段

9. 在同样整定条件下，受系统振荡影响最小的阻抗继电器是__________。

A. 全阻抗继电器　　B. 方向阻抗继电器　　C. 偏移特性阻抗继电器

10. 断线信号装置大都是反应于断线后所出现的__________来构成的。

A. 零序电流　　B. 零序电压　　C. 正序电压

11. 外汲电流时使测量阻抗__________，保护范围__________，可能引起无选择性动作。

A. 减小，减小　　B. 增大，减小　　C. 减小，增大

12. 电力系统振荡对距离保护的影响最小的是__________。

A. 距离保护Ⅰ段　　B. 距离保护Ⅱ段　　C. 距离保护Ⅲ段

答： 1. B　2. A　3. C　4. A　5. A　6. A　7. A　8. B　9. B　10. B　11. C　12. C

（三）判断题（正确的打“√”，错误的打“×”）

1. 三段式距离保护的动作时限与短路点至保护安装处的距离无关。（　）
2. 距离保护是反映阻抗增大而动作的保护。（　）
3. 全阻抗继电器的动作特性没有方向性。（　）
4. 方向阻抗继电器不存在死区。（　）
5. 全阻抗继电器不存在死区。（　）
6. 方向阻抗继电器采用“记忆回路”可以消除暂态时的死区。（　）
7. 反应相间短路的阻抗继电器30°接线比0°接线的灵敏度高。（　）
8. 过渡电阻对保护的影响在长线上大，在短线上小。（　）
9. 全阻抗继电器在电压互感器二次回路断线时不会误动作。（　）
10. 距离保护的Ⅲ段，采用方向阻抗继电器的保护灵敏度比全阻抗继电器时高。（　）
11. 距离保护整定动作阻抗时，分支系数取最小值。（　）
12. 距离保护检验保护灵敏度时，分支系数取最小值。（　）
13. 距离保护第Ⅱ段，如灵敏度不能满足要求，可与下一线路保护第Ⅰ段相配合。（　）
14. 距离保护的Ⅲ段按躲开最大负荷阻抗来整定。（　）

答： 1. ×　2. ×　3. √　4. ×　5. √　6. √　7. √　8. ×　9. ×　10. √　11. √　12. ×　13. ×　14. ×

（四）简答与分析题

1. 有一个方向阻抗继电器，其整定阻抗为 $15\angle 60^\circ\Omega$。若某一种运行情况下的测量阻抗为 $Z_m=12\angle 15^\circ\Omega$，此时，该继电器是否动作，为什么？

答：

$$\left|\frac{1}{2}Z_{set}\right|=\left|\frac{1}{2}\times 15\angle 60^\circ\right|=7.5$$

$$\left|Z_m-\frac{1}{2}Z_{set}\right|=\left|12\angle 15^\circ-7.5\angle 60^\circ\right|=8.66$$

故
$$\left|\frac{1}{2}Z_{set}\right| < \left|Z_m - \frac{1}{2}Z_{set}\right|$$

所以不满足方向阻抗继电器幅值比较的动作条件，故该方向阻抗继电器不动作。

2. 有一个方向阻抗继电器，其整定阻抗为 $12\angle 60^\circ \Omega$。若某一种运行情况下的测量阻抗为 $Z_{cl}=10\angle 30^\circ \Omega$，此时，该继电器是否动作，为什么？

答：

$$\left|\frac{1}{2}Z_{set}\right| = \left|\frac{1}{2}\times 12\angle 60^\circ\right| = 6$$

$$\left|Z_m - \frac{1}{2}Z_{set}\right| = \left|10\angle 30^\circ - 6\angle 60^\circ\right| = 5.66$$

故
$$\left|\frac{1}{2}Z_{set}\right| > \left|Z_m - \frac{1}{2}Z_{set}\right|$$

所以满足方向阻抗继电器幅值比较的动作条件，故该方向阻抗继电器动作。

3. 某距离保护Ⅱ段整定时已考虑助增电流的影响，若运行中助增电流消失，保护范围将如何变化？为什么？

答： 保护范围将加大。因为助增电流的影响，保护的Ⅱ段测量阻抗增大，保护范围减小。

4. 在整定距离保护Ⅱ段时，为什么采用最小分支系数？在校验距离保护Ⅲ段时，为什么采用最大分支系数？为什么？

答： 为了保证距离Ⅱ段保护动作的选择性。在最小分支系数情况下能保证保护间的配合，那么在其他运行情况下，使保护的测量阻抗变大，保护范围减小，不会影响配合关系，更保证选择性。

为了保证距离保护Ⅲ段动作的灵敏性。采用最大分支系数校验保护作为远后备的灵敏性，若能满足要求的话，在其他运行方式下，使保护的测量阻抗变小，保护范围加大，将更能满足灵敏性的要求。

5. 动作特性经过原点的方向阻抗继电器有什么优点和缺点？

答： 优点是本身具有方向性，只有在正向区内故障时动作，反方向短路时不会动作；缺点是在正向出口或反方向出口短路时，测量阻抗的阻抗值都很小，都会落在坐标原点附近，正好处于阻抗元件临界动作的边沿上，有可能出现正向出口短路时拒动或反向出口短路时误动的情况。

（五）计算题

1. 在图 3-4 所示的网络中，各线路均装有距离保护，试对其中保护 1 的相间短路保护Ⅰ、Ⅱ、Ⅲ段进行整定计算。

已知线路 AB 的最大负荷电流 $I_{L.max}=350\text{A}$，功率因数 $\cos\varphi=0.9$，各线路每千米阻抗 $Z_1=0.4\Omega$，阻抗角 $\varphi_d=70^\circ$，电动机的自启动系数 $K_{ss}=1.5$，继电器的返回系数 $K_{re}=1.2$，并设 $K'_{rel}=0.85$，$K''_{rel}=0.8$，$K'''_{rel}=1.2$，距离Ⅲ段采用方向阻抗继电器，变压器采用能保护整个变压器的无时限纵差保护。

解　（1）计算阻抗：

$$Z_{AB} = 0.4 \times 35 = 14(\Omega)$$
$$Z_{BC} = 0.4 \times 60 = 24(\Omega)$$

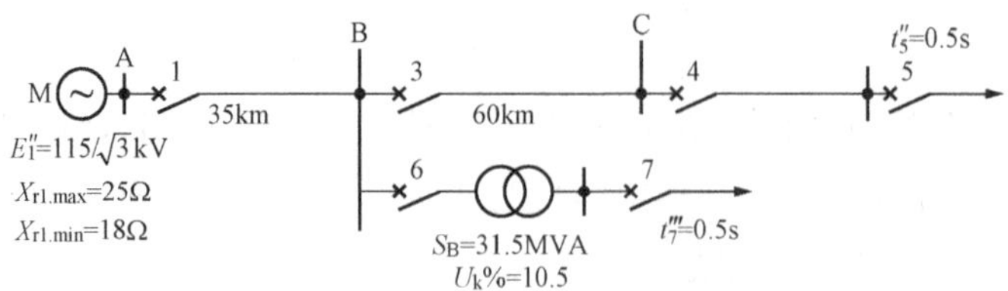

图 3-4　计算题 1 图

$$Z_B=\frac{U_d\%}{100}\times\frac{U_T^2}{S_T}=\frac{10.5}{100}\times\frac{115^2}{31.5}=44.1(\Omega)$$

(2) 距离Ⅰ段的整定：

动作阻抗　$Z_{op}^{I}=K'_{rel}\cdot Z_{AB}=0.85\times14=11.9(\Omega)$

动作时间　$t_1^{I}=0s$

(3) 距离Ⅱ段的整定：

动作阻抗：按下列两个条件选择。

1) 与相邻线路 BC 的保护 3 的Ⅰ段配合，则

$$Z_{op}^{II}=K''_{rel}(Z_{AB}+K'_{rel}\cdot K_{b.min}\cdot Z_{BC})$$

$$K_{b.min}=\frac{I_2}{I_1}=1$$

于是　$$Z_{op.1}^{II}=0.8\times(14+0.85\times1\times24)=27.5(\Omega)$$

2) 按躲开相邻变压器低压侧出口短路整定，则

$$Z_{op.1}^{II}=K''_{rel}(Z_{AB}+K_{b.min}\cdot Z_B)$$

$$K_{b.min}=\frac{I_3}{I_1}=1$$

$$Z_{op.1}^{II}=0.7\times(14+44.1)=40.67(\Omega)$$

此处取 $K''_{rel}=0.7$。

取以上两个计算值中较小者为Ⅱ段定值，即取 $Z_{op.1}^{II}=27.5\Omega$。

动作时间：

与相邻保护 3 的Ⅰ段配合，则

$$t''_1=t'_3+\Delta t=0.5(s)$$

灵敏性校验

$$K_{sen}=\frac{Z_{opz.1}^{II}}{Z_{AB}}=\frac{27.5}{14}=1.96>1.5\quad 满足要求$$

(4) 距离Ⅲ段的整定：

动作阻抗：按躲开最小负荷阻抗整定。因为继电器取为 U_Δ/I_Δ 的 0°接线的方向阻抗继电器，所以有

$K'''_{rel}=1.2$，　$K_{re}=1.2$，　$K_{ss}=1.5$，　$\varphi_d=\varphi_{lm}=70°$，　$\varphi_L=\arccos0.9=25.8°$

$$Z_{op.1}^{III}=\frac{Z_{L.min}}{K'''_{re}K_{rel}K_{ss}\cos(\varphi_d-\varphi_L)}$$

$$Z_{L.min}=\frac{U_{L.min}}{I_{L.max}}=\frac{0.9\times110}{\sqrt{3}I_{L.max}}=\frac{0.9\times110}{\sqrt{3}\times0.35}=163.3(\Omega)$$

于是 $$Z_{op.1}^{Ⅲ}=\frac{163.33}{1.2\times1.5\times1.2\times\cos(70°-25.8°)}=105.5(\Omega)$$

动作时间：

$$t_1^{Ⅲ}=t_5^{Ⅲ}+3\Delta t \text{ 或 } t_1^{Ⅲ}=t_7^{Ⅲ}+2\Delta t$$

取其中较长者

$$t_1^{Ⅲ}=0.5+3\times0.5=2.0(s)$$

灵敏性校验：

1）本线路末端短路时的灵敏系数：

近后备保护 $$K_{sen}=\frac{Z_{op.1}^{Ⅲ}}{Z_{AB}}=\frac{105.5}{14}=7.5>1.5 \quad \text{满足要求}$$

2）相邻元件末端短路时的灵敏系数：

①相邻线路末端短路时的灵敏系数为

远后备保护 $$K_{sen}=\frac{Z_{op.1}^{Ⅲ}}{Z_{AB}+K_{b.max}Z_{BC}}$$

$$K_{b.max}=1$$

于是远后备保护 $$K_{sen}=\frac{105.5}{14+1\times24}=2.78>1.2 \quad \text{满足要求}$$

②相邻变压器低压侧出口短路时的灵敏系数中，最大分支系数为

$$K_{b.max}=1$$

于是远后备保护 $$K_{sen}=\frac{Z_{op.1}^{Ⅲ}}{Z_{AB}+K_{b.max}Z_{B}}=\frac{105.5}{14+1\times44.1}=1.82>1.2 \quad \text{满足要求}$$

2. 在图 3-5 所示网络中，采用三段式距离保护，各段测量阻抗均采用方向阻抗继电器，而且均采用 0°接线方式。已知线路正序阻抗 $Z_1=0.4\Omega/km$，线路阻抗角 $\varphi_k=70°$，线路 AB、BC 最大负荷电流 $I_{L.max}=450A$，负荷的功率因数 $\cos\varphi=0.8$，负荷自启动系数 $K_{ss}=1.5$；保护 2 距离Ⅲ段的动作时限 $t_2^{Ⅲ}=1.5s$；变压器装有差动保护。

已知 $E_A=E_B=115/\sqrt{3}kV$，$X_{B.max}=\infty$，$X_{B.min}=30\Omega$，$X_A=10\Omega$，变压器参数 2×15MVA，110/6.6kV，$U_K\%=10.5\%$。

试求保护 1 距离Ⅰ、Ⅱ、Ⅲ段的动作阻抗、灵敏系数与动作时限，求各段阻抗继电器的动作阻抗。

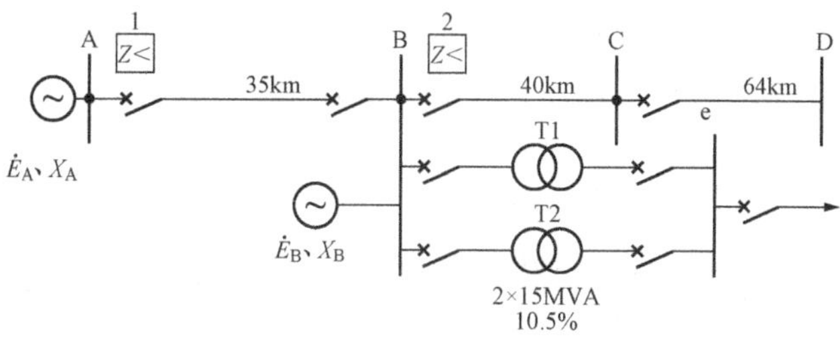

图 3-5　计算题 2 的网络图

解　(1) 距离Ⅰ段

$$Z_{op}^{Ⅰ}=K_{rel}^{Ⅰ}Z_1l_{BC}=0.85\times0.4\times35=11.9(\Omega)$$

(2) 距离Ⅱ段：

1）与保护 2 的距离Ⅰ段配合

$$Z_{op2}^{\mathrm{I}} = K_{rel}^{\mathrm{I}} Z_1 l_{BC} = 0.85 \times 0.4 \times 40 = 13.6(\Omega)$$

$$\begin{aligned} Z_{op1}^{\mathrm{II}} &= K_{rel}^{\mathrm{I}}(Z_1 l_{AC} + K_{b.min} Z_{op2}^{\mathrm{I}}) \\ &= 0.8 \times (0.4 \times 35 + 1 \times 13.6) = 22.1(\Omega) \end{aligned}$$

2）与变压器的速断保护配合

$$Z_{op1}^{\mathrm{II}} = K_{rel}^{\mathrm{II}} Z_1 l_{AB} + K_{rel.T}^{\mathrm{II}} K_{b.min} Z_{T.min}$$

$$Z_{T.min} = \frac{1}{2} Z_T = \frac{1}{2} \times \frac{U_K\% U_N^2}{100 S_N} = \frac{10.5 \times 110^2}{2 \times 100 \times 15} = 42.35(\Omega)$$

$$Z_{T.min} = 42.35 \quad (\text{设变压器阻抗角为 } 70^\circ)$$

所以

$$Z_{op1}^{\mathrm{II}} = 0.8 \times 0.4 \times 35 + 0.7 \times 1 \times 42.35 = 40.6(\Omega)$$

为保证选择性，取上述两项计算结果中最小者为距离Ⅱ段的动作阻抗，即

$$Z_{op1}^{\mathrm{II}} = 22.1(\Omega)$$

校验灵敏系数

$$K_{sen}^{\mathrm{II}} = \frac{Z_{op1}^{\mathrm{II}}}{Z_1 l_{AB}} = \frac{22.1}{0.4 \times 35} = 1.58 > 1.3 \quad \text{满足要求}$$

（3）距离Ⅲ段：

本题距离保护第Ⅲ段测量元件采用方向阻抗继电器，故按先躲过最小负荷阻抗，求正常运行时的动作阻抗，对应负荷阻抗角 $\varphi_L = 37°$时的动作阻抗为

$$\begin{aligned} Z_{op1}^{\mathrm{III}} &= \frac{0.9 U_N / \sqrt{3}}{K_{rel}^{\mathrm{III}} K_{re} K_{ss} I_{L.max} \cos(\varphi_m - \varphi_L)} \\ &= \frac{0.9 \times 115 / \sqrt{3}}{1.25 \times 1.15 \times 1.5 \times 0.45 \cos(70^\circ - 37^\circ)} \\ &= 73.4(\Omega) \end{aligned}$$

$$Z_{op1}^{\mathrm{III}} = 73.4(\Omega)$$

本题中线路 AB 与 BC 的负荷情况相同，故上述动作阻抗也是保护 2 距离Ⅲ段的动作阻抗。考虑到保护 1 的距离Ⅲ段灵敏性与保护 2 的配合，即保护 1 的距离Ⅲ段保护范围应小于保护 2 距离Ⅲ段保护范围，取 $Z_{op2}^{\mathrm{III}} = 73.4$，则

$$\begin{aligned} Z_{op1}^{\mathrm{III}} &= K_{rel}^{\mathrm{III}} Z_{AB} + K_{rel}'^{\mathrm{III}} K_{b.min} Z_{op2}^{\mathrm{III}} \\ &= 0.85 \times 0.4 \times 35 + 0.8 \times 1 \times 73.4 \\ &= 11.9 + 58.72 = 70.62 \end{aligned}$$

校验灵敏系数：

作线路 AB 的近后备保护时，灵敏系数为

$$K_{S.min.1}^{\mathrm{III}} = \frac{Z_{op1}^{\mathrm{III}}}{Z_{AB}} = \frac{70.62}{14} = 5.04 > 1.5 \quad \text{满足要求}$$

作相邻线路 BC 的远后备保护时，灵敏系数为

$$K_{S.min.1}^{\mathrm{III}} = \frac{Z_{op1}^{\mathrm{III}}}{Z_{AB} + K_{b.max} Z_{BC}}$$

式中，$K_{b.max}$为考虑助增电流对线路 BC 的影响的分支系数，这时应取可能的最大值 $K_{b.max}$，即 $X_B = X_{B.min} = 30\Omega$，则

$$K_{b.max}=\frac{I_{\mathrm{II}}}{I_{\mathrm{I}}}=\frac{I_{\mathrm{I}}+I'_{\mathrm{I}}}{I_{\mathrm{I}}}=1+\frac{X_A+X_{AB}}{X_{B.min}}=1+\frac{10+14}{30}=0.8$$

所以 $$K^{\mathrm{III}}_{S.min.1}=\frac{Z^{\mathrm{III}}_{op.L}}{Z_{AB}+K_{b.max}Z_{BC}}=\frac{70.62}{14+1.8\times0.4}=1.65>1.2$$ 满足要求

动作时限

$$t^{\mathrm{III}}_1=t^{\mathrm{III}}_2+\Delta t=1.5+0.5=2(\mathrm{s})$$

(4) 求距离保护1各段阻抗继电器的动作阻抗：

根据式(6-134)，求得保护1继电器各段动作阻抗为

$$Z^{\mathrm{I}}_{op.r}=\frac{K_W K_{TA}}{K_{TV}}Z^{\mathrm{I}}_{op}=\frac{1\times600/15}{110/0.1}\times13.6=1.48(\Omega)$$

$$Z^{\mathrm{II}}_{op.r}=\frac{1\times600/15}{110/0.1}\times22.1=2.4(\Omega)$$

$$Z^{\mathrm{III}}_{op.r}=\frac{1\times600/15}{110/0.1}\times70.62=7.704(\Omega)$$

3. 如图3-6所示网络中，各线路均装有距离保护，试对点1处的距离保护Ⅰ、Ⅱ、Ⅲ段进行整定计算，即求各段动作阻抗 Z^{I}_{op1}、Z^{II}_{op1}、Z^{III}_{op1} 和动作时限 t^{I}_1、t^{II}_1、t^{III}_1，并校验其灵敏系数，即求 $l_{p.min}\%$，$K^{\mathrm{II}}_{S.min}$、$K^{\mathrm{III}}_{S.min}$。已知线路AB最大负荷电流 $I_{L.min}=350\mathrm{A}$，$\cos\varphi=0.9$，所有线路阻抗 $Z_1=0.4\Omega/\mathrm{km}$，阻抗角 $\varphi_L=70°$，自启动系数 $K_{SS}=1$，正常时，母线最低电压 $U_{M.min}=0.9U_N$，其他数据已注在图中。

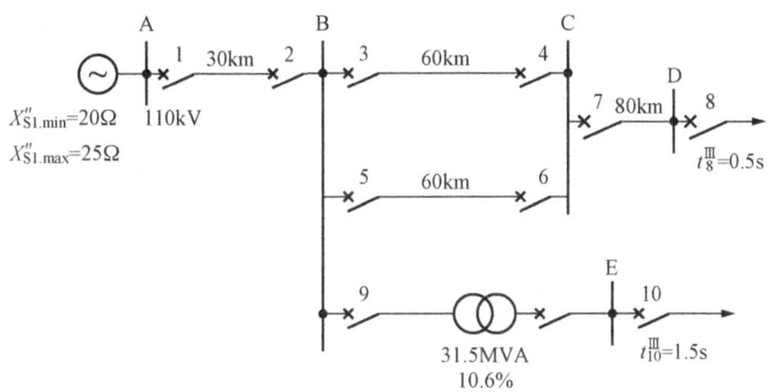

图3-6 计算题3的网络图

解 (1) 有关元件正序阻抗计算：

线路 $$Z_{AB}=Z_1 l_{AB}=0.4\times30=12(\Omega)$$

$$Z_{BC}=Z_1 l_{BC}=0.4\times60=24(\Omega)$$

变压器阻抗 $$Z_T=U_K\%\frac{U_N}{S_N}=0.105\times\frac{115^2}{31.5}=44.1(\Omega)$$

(2) 距离Ⅰ段整定计算：

1) 动作电阻

$$Z^{\mathrm{I}}_{op1}=K^{\mathrm{I}}_{rel}Z_{AB}=0.85\times12=10.2(\Omega)$$

2) 动作时间

$$t^{\mathrm{I}}_1=0\mathrm{s}$$

3) 灵敏性校验

$$l_{p.min}=\frac{Z_{op1}^{I}}{Z_{AB}}\times 100\%=85\%$$

（3）距离Ⅱ段整定计算：

1）动作阻抗。按下列两个条件选择：

①与相邻线路保护 3（或保护 5）Ⅰ段配合，则

$$Z_{op1}^{II}=K_{rel}^{II}(Z_{AB}+K_{b.min}Z_{op3}^{I})$$

$K_{b.min}$为保护 3Ⅰ段末端发生短路时对保护 1 而言的最小分支系数，如图 3-4 所示，当保护 3Ⅰ段末端 k1 点短路时，分支系数计算式为

$$K_{b}=\frac{I_2}{I_1}=\frac{(1+0.15)Z_{BC}}{2Z_{BC}}=\frac{1.15}{2}$$

由上式可看出

$$K_{b.min}=\frac{1.15}{2}=0.575$$

所以

$$Z_{op1}^{II}=K_{rel}^{II}(Z_{AB}+K_{b.min}Z_{op3}^{I})=0.8\times(12+0.575\times 0.85\times 24)=18.98(\Omega)$$

②按躲开相邻变压器低压侧出口 k2 点短路整定，即与相邻变压器瞬动保护（差动保护）相配合，则

$$Z_{op1}^{II}=0.7(Z_{AB}+K_{b.min}Z_{T})$$

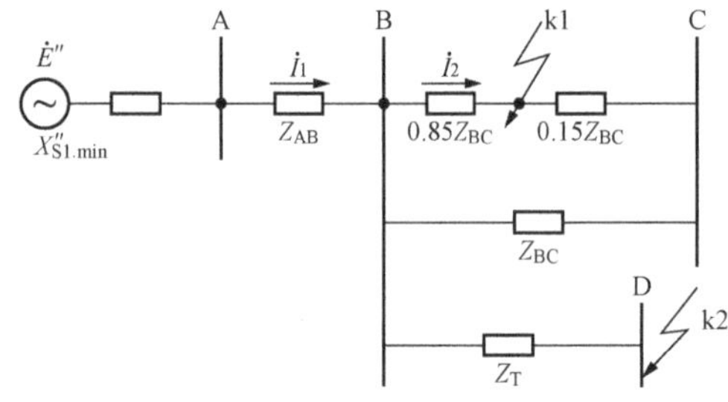

图 3-7 整定距离Ⅱ段时 $K_{b.min}$的等值电路

$K_{b.min}$为在相邻变压器出口 k2 点短路时对保护 1 的分支系数，由图 3-7 所示，当 k2 点短路时

$$K_{b.min}=1$$

于是
$$Z_{op1}^{II}=0.7\times(12+1\times 44.1)=39.27(\Omega)$$

以上两者计算结果中取较小者，即 $Z_{op1}^{II}=18.98\Omega$

2）灵敏性校验

$$K_{S.min}^{II}=\frac{Z_{op1}^{II}}{Z_{AB}}=\frac{18.98}{12}=1.58>1.5 \quad 满足要求$$

3）动作时限，与相邻Ⅰ段瞬时保护配合

$$t_1^{II}=t_3^{I}+\Delta t=t_5^{I}+\Delta t=t_T^{I}+\Delta t=0.5(s)$$

（4）距离Ⅲ段的整定计算：

1）动作阻抗。按躲开最小负荷阻抗整定

$$Z_{op1}^{III}=\frac{Z_{L.min}}{K_{rel}^{III}K_{ss}K_{re}}=\frac{170.1}{1.2\times 1\times 1.15}=123.7(\Omega)$$

$$Z_{L.min}=\frac{U_{N1.min}}{I_{L.max}}=\frac{0.9\times 115/\sqrt{3}}{0.35}=170.1(\Omega)$$

这里 $K_{rel}^{III}=1.2$，$K_{ss}=1$，$K_{re}=1.15$。

取方向阻抗继电器的最灵敏角 $\varphi_m=\varphi_L=70°$，当 $\cos\varphi_L=0.9$，$\varphi_L=25.8°$时，整定阻抗为

$$Z_{op1}^{III}=\frac{Z_{op1}^{III}}{\cos(\varphi_m-\varphi_L)}=\frac{123.7}{\cos(70°-25.8°)}=172.5(\Omega)$$

2）灵敏性校验。当本线路末端短路时

$$K_{S.min}^{Ⅲ}=\frac{Z_{op1}^{Ⅲ}}{Z_{AB}}=\frac{172.5}{12}=14.4>1.5\quad 满足要求$$

当相邻元件短路时：

①相邻线路末端短路时

$$K_{S.min}^{Ⅲ}=\frac{Z_{op1}^{Ⅲ}}{Z_{AB}+K_{b.max}Z_{BC}}$$

式中，$K_{b.max}$为相邻线路 BC 末端短路时对保护 1 的最大分支系数。

如图 3 - 8 所示，$K_{b.max}$的计算式为

$$K_{b.max}=\frac{I_2}{I_1}=1$$

于是
$$K_{S.min}^{Ⅲ}=\frac{172.5}{12+1\times 24}=4.79>1.2$$

②相邻变压器低压侧出口 k2 点短路时。

此时 $K_{b.max}=\frac{I_2}{I_1}=1$（与线路时相同）

$$K_{S.min}^{Ⅲ}=\frac{Z_{op1}^{Ⅲ}}{Z_{AB}+K_{b.max}X_T}=\frac{172.5}{12+1\times 44.1}=3.07>1.2\quad 满足要求$$

③动作时间

$$t_1^{Ⅲ}=t_8^{Ⅲ}+3\Delta t=0.5+3\times 0.5=2(s)$$

$$t_1^{Ⅲ}=t_{10}^{Ⅲ}+\Delta t=1.5+2\times 0.5=2.5(s)$$

取其中时间最长者，即 $t_1^{Ⅲ}=2.5s$。

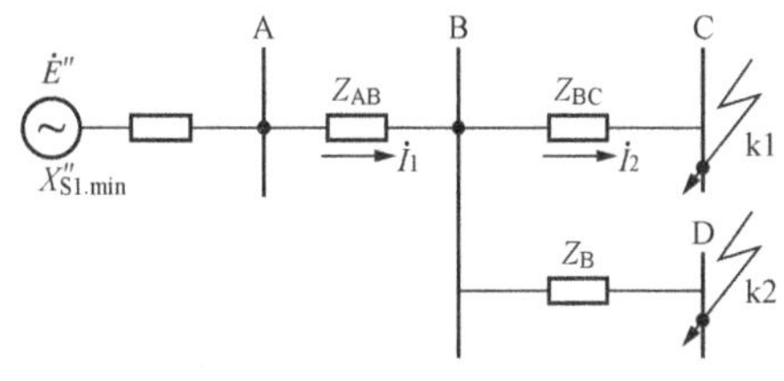

图 3 - 8　整定距离Ⅲ段灵敏校验时求 $K_{b.max}$的等值电路

4. 如图 3 - 9 所示网络中，各线路均装有距离保护，试对点 1 处的距离保护Ⅰ、Ⅱ、Ⅲ段进行整定计算，即求无电源及单回路两种情况下各段动作阻抗 $Z_{op1}^{Ⅰ}$、$Z_{op1}^{Ⅱ}$、$Z_{op1}^{Ⅲ}$，动作时限 $t_1^{Ⅰ}$、$t_1^{Ⅱ}$、$t_1^{Ⅲ}$ 和校验其灵敏系数，即求 $l_{p.min}\%$，$K_{S.min}^{Ⅱ}$、$K_{S.min}^{Ⅲ}$。已知线路 AB 最大负荷电流 $I_{L.min}=350A$，$\cos\varphi=0.9$，所有线路阻抗 $Z_1=0.4\Omega/km$，阻抗角 $\varphi_L=70°$，自启动系数 $K_{SS}=1$，正常时母线最低电压 $U_{M.min}=0.9U_N$，其他数据已注在图中。

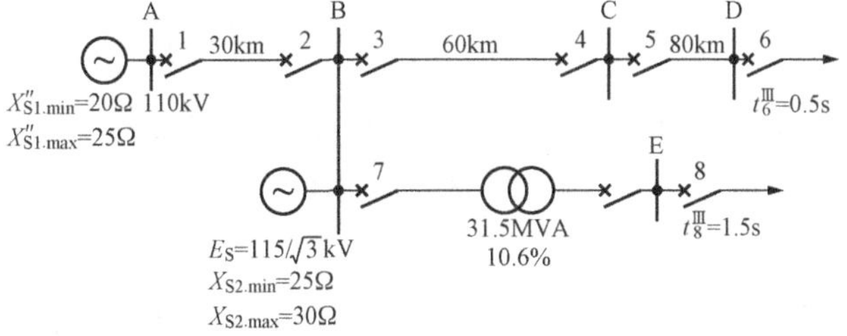

图 3 - 9　计算题 4 的网络图

解　(1) 有关元件正序阻抗计算：

线路
$$Z_{AB}=Z_1l_{AB}=0.4\times 30=12(\Omega)$$

$$Z_{BC}=Z_1l_{BC}=0.4\times 60=24(\Omega)$$

变压器阻抗
$$Z_T=U_K\%\frac{U_N}{S_N}=0.105\times\frac{115^2}{31.5}=44.1(\Omega)$$

(2) 距离Ⅰ段整定计算：

1) 动作电阻

$$Z_{op1}^{I}=K_{rel}^{I}Z_{AB}=0.85\times12=10.2(\Omega)$$

2) 动作时间

$$t_{1}^{I}=0s$$

3) 灵敏性校验

$$l_{p.min}=\frac{Z_{op1}^{I}}{Z_{AB}}\times100\%=85\%$$

(3) 距离Ⅱ段整定计算：

1) 动作阻抗。按下列两个条件选择：

①与相邻线路保护 3（或保护 5）Ⅰ段配合，则

$$Z_{op1}^{II}=K_{rel}^{II}(Z_{AB}+K_{b.min}Z_{op3}^{I})$$

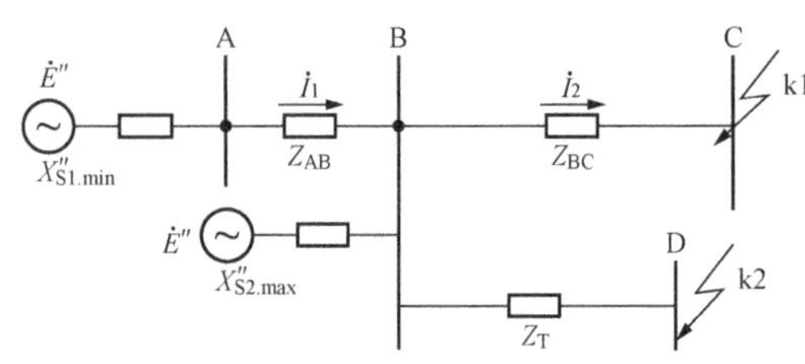

图 3-10 整定距离Ⅱ段时 $K_{b.min}$ 的等值电路

$K_{b.min}$ 为保护 3Ⅰ段末端发生短路时对保护 1 而言的最小分支系数，如图 3-10 所示，当保护 3Ⅰ段末端 k1 点短路时，分支系数的计算式为

$$K_{b}=\frac{I_{2}}{I_{1}}=\frac{X_{S1}+Z_{AB}+X_{S2}}{X_{S2}}=\frac{X_{S1}+Z_{AB}}{X_{S2}}+1$$

由上式可看出

$$K_{b.min}=\frac{20+12}{30}+1=2.07$$

所以

$$Z_{op1}^{II}=K_{rel}^{II}(Z_{AB}+K_{b.min}Z_{op3}^{I})=0.8\times(12+2.07\times0.85\times24)=43.38(\Omega)$$

②按躲开相邻变压器低压侧出口 k2 点短路整定，即与相邻变压器瞬动保护（差动保护）相配合，则

$$Z_{op1}^{II}=0.7\times(Z_{AB}+K_{b.min}Z_{T})$$

$K_{b.min}$ 为在相邻变压器出口 k2 点短路时对保护 1 的分支系数，由图 3-10 所示，当 k2 点短路时

$$K_{b.min}=\frac{X_{S1.min}+Z_{AB}}{X_{S2.max}}+1=\frac{20+12}{30}+1=2.07$$

于是

$$Z_{op1}^{II}=0.7\times(12+2.07\times44.1)=72.3(\Omega)$$

以上两者计算结果中取较小者，即 $Z_{op1}^{II}=43.38\Omega$。

2) 灵敏性校验

$$K_{S.min}^{II}=\frac{Z_{op1}^{II}}{Z_{AB}}=\frac{43.38}{12}=3.6>1.5\quad 满足要求$$

3) 动作时限，与相邻Ⅰ段瞬时保护配合，则

$$t_{1}^{II}=t_{3}^{I}+\Delta t=t_{7}^{I}+\Delta t=t_{T}^{I}+\Delta t=0.5(s)$$

(4) 距离Ⅲ段的整定计算：

1) 动作阻抗。按躲开最小负荷阻抗整定

$$Z_{op1}^{III}=\frac{Z_{L.min}}{K_{rel}^{III}K_{ss}K_{re}}=\frac{170.1}{1.2\times1\times1.15}=123.7(\Omega)$$

$$Z_{L.min}=\frac{U_{N1.min}}{I_{L.max}}=\frac{0.9\times115/\sqrt{3}}{0.35}=170.1(\Omega)$$

这里 $K_{rel}^{Ⅲ}=1.2$，$K_{ss}=1$，$K_{re}=1.15$。

取方向阻抗继电器的最灵敏角 $\varphi_m=\varphi_L=70°$，当 $\cos\varphi_L=0.9$、$\varphi_L=25.8°$时，整定阻抗为

$$Z_{op1}^{Ⅲ}=\frac{Z_{op1}^{Ⅲ}}{\cos(\varphi_m-\varphi_L)}=\frac{123.7}{\cos(70°-25.8°)}=172.5(\Omega)$$

2）灵敏性校验。当本线路末端短路时

$$K_{S.min}^{Ⅲ}=\frac{Z_{op1}^{Ⅲ}}{Z_{AB}}=\frac{172.5}{12}=14.4>1.5\quad 满足要求$$

①相邻线路末端短路时

$$K_{S.min}^{Ⅲ}=\frac{Z_{op1}^{Ⅲ}}{Z_{AB}+K_{b.max}Z_{BC}}$$

式中，$K_{b.max}$为相邻线路 BC 末端短路时对保护 1 的最大分支系数。

如图 3-11 所示，$K_{b.max}$的计算式为

$$K_{b.max}=\frac{I_2}{I_1}=\frac{X_{S1.max}+Z_{AB}}{X_{S2.min}}+1=\frac{25+12}{25}+1=2.48$$

于是

$$K_{S.min}^{Ⅲ}=\frac{172.5}{12+2.48\times24}=2.41>1.2$$

②相邻变压器低压侧出口 k2 点短路时。此时

$$K_{b2.max}=\frac{I_2}{I_1}=2.48\quad（与线路时相同）$$

故灵敏系数小

$$K_{S.min}^{Ⅲ}=\frac{Z_{op1}^{Ⅲ}}{Z_{AB}+K_{b.max}X_T}=\frac{172.5}{12+2.48\times44.1}=1.42>1.2\quad 满足要求$$

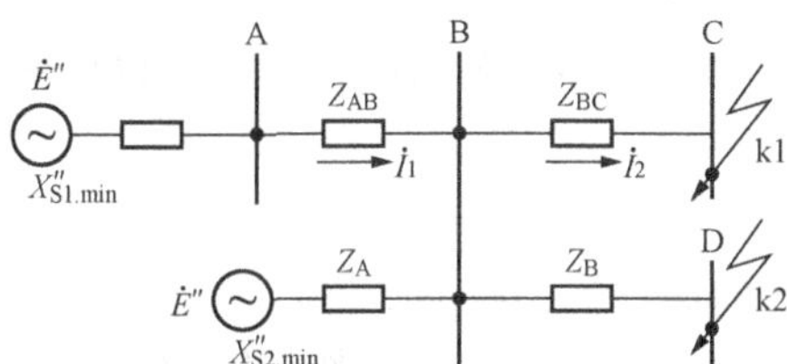

图 3-11 整定距离Ⅲ段灵敏校验时求 $K_{b.max}$的等值电路

③动作时间

$$t_1^{Ⅲ}=t_8^{Ⅲ}+3\Delta t=0.5+3\times0.5=2(s)$$
$$t_1^{Ⅲ}=t_{10}^{Ⅲ}+2\Delta t=1.5+2\times0.5=2.5(s)$$

取其中时间最长者，即 $t_1^{Ⅲ}=2.5s$。

第四章　电网的差动保护

一、基本内容和学习要点

1. 掌握纵联差动保护的工作原理及其特点。

2. 掌握横联差动方向保护的工作原理及其相继动作区和死区。

二、习题解答

4-1　纵联差动保护与电流保护的区别是什么?

答: 纵联差动保护是反应线路首末两端电流大小和相位而动作，保护范围稳定，可以实现全线速动，但不能作后备保护。电流保护是反应电流增大而动作，不能全线速动，保护范围不稳定，受短路类型和运行方式影响，可作后备保护。

4-2　纵联差动保护的原理及优缺点是什么?

答: 电网的纵联差动保护反应被保护线路首末两端电流的大小和相位，保护整条线路，全线速动。

优缺点：保护灵敏度很高，保护范围稳定，可以实现全线速动，但不能作相邻元件的后备保护。

4-3　横联差动方向保护的原理及优缺点是什么?

答: 横联差动保护反应双回线路的电流及功率方向，有选择性地瞬时切除故障线路。

优缺点：能够迅速而有选择性地切除平行线路上的故障，实现起来简单、经济，不受系统振荡的影响。保护装置存在相继动作区和死区，需要装设单回线运行时线路的主保护和后备保护。

4-4　什么是横联差动方向保护的相继动作区?

答: 线路两侧横联差动方向保护装置先后动作切除故障的方式称为相继动作，产生相继动作的范围称为相继动作区。

4-5　什么是横联差动方向保护的死区?

答: 横联差动方向保护装置中的功率方向继电器采用90°接线，当保护出口发生三相短路时，母线残压为零，功率方向继电器不动作，这种不动作的范围称为死区。死区在本保护出口，在对侧保护的相继动作区内。在死区内发生三相短路，两侧横联差动保护都不能动作。死区的长度不允许大于被保护线路全长的10%。

三、补充题

(一) 填空题

1. 电网的纵联差动保护反应被保护线路__________电流的大小和相位，保护__________，全线速动。

答： 首末两端；整条线路。

2. 横联差动方向保护的动作原理是反应双回线路的＿＿＿＿＿，有选择性地＿＿＿＿＿切除故障线路。

答： 电流及功率方向；瞬时。

3. 电网的纵联差动保护，当外部短路时，理想情况下流入差回路中的电流为＿＿＿＿＿，实际上，差回路中还有一个＿＿＿＿＿电流，差动继电器 KD 的启动电流是按大于＿＿＿＿＿电流整定的，所以，在被保护线路正常及外部故障时差动保护＿＿＿＿＿动作。

答： 0；不平衡；不平衡；不会。

4. 被保护线路内部故障时，电网的纵联差动保护流入差回路的电流为＿＿＿＿＿，远大于差动继电器的＿＿＿＿＿，差动继电器＿＿＿＿＿。

答： 短路电流；启动电流；动作。

（二）选择题

1. ＿＿＿＿＿可实现全线速动。

A. 电流保护　　B. 差动保护　　C. 距离保护

2. ＿＿＿＿＿保护存在相继动作区。

A. 电网的纵联差动　　B. 横差方向　　C. 方向电流保护

3. ＿＿＿＿＿保护存在死区。

A. 电网的纵联差动　　B. 横差方向　　C. 方向电流保护

4. ＿＿＿＿＿保护能作相邻元件的后备保护。

A. 电网的纵联差动　　B. 过电流保护　　C. 电流速断保护

5. 单电源平行线路电源侧横差方向保护的相继动作区＿＿＿＿＿。

A. 存在于平行线路的受电侧　　B. 存在于平行线路的电源侧

C. 存在于平行线路的两侧

答： 1. B　2. B　3. B　4. B　5. C

（三）判断题（正确的打“√”，错误的打“×”）

1. 纵联差动保护的灵敏度没有电流保护高。（　）

2. 纵联差动保护受过负荷及系统振荡的影响。（　）

3. 纵联差动保护的保护范围比三段式电流保护稳定。（　）

4. 横联差动方向保护是用于平行线路的保护装置。（　）

5. 横联差动方向保护存在相继动作区。（　）

6. 横联差动方向保护不存在死区。（　）

7. 线路纵联差动保护的电流互感器二次回路断线时，保护范围外发生故障，两侧保护不会误动作。（　）

8. 平行线路的横联差动方向保护，在受电侧方向元件死区范围内发生两相短路时，受电侧的保护将拒绝动作。（　）

9. 单电源的平行线路，两侧都得装设横联差动方向保护。（　）

答： 1. ×　2. ×　3. √　4. √　5. √　6. ×　7. ×　8. ×　9. √

（四）简答与分析题

1. 图 4-1 所示的平行线路，当某一回线断线并出现 k 点短路时，为什么横差方向电流会误动？

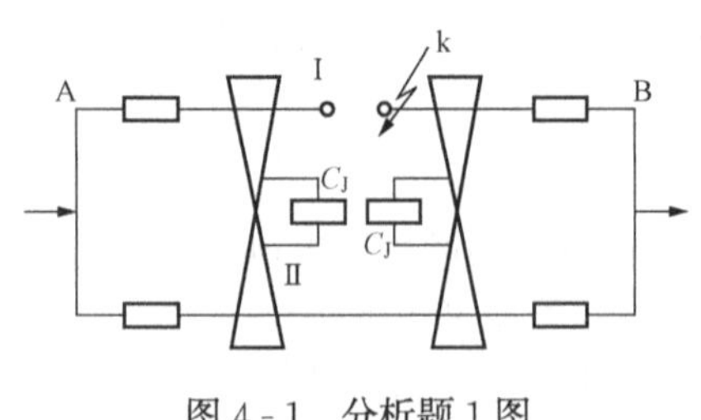

图 4-1 分析题 1 图

答： 以单电源为例，当 I 回线断线，并在 k 点短路时，装设在 A、B 两侧的 2、3 断路器横差方向保护会同时动作跳闸，其中 B 侧保护动作切除故障线路，属正常动作，而 A 侧保护切除非故障线路，属误动作。

2. 在大接地电流系统中，相间横差方向保护为什么也采用两相式接线？

答： 因为相间横差方向保护是用来反应相间短路的，在接地短路时被闭锁，因此保护可按两相式接线构成，若要反应接地故障还需装设零序横差方向保护。

3. 纵联差动保护有什么特点？

答：（1）灵敏度高。由于区内故障时，流入差动继电器的故障电流远大于继电器的启动电流，故差动保护灵敏度很高。

（2）保护范围稳定。纵联差动保护的保护范围为被保护线路两侧互感器之间的区域，所以保护范围稳定。

（3）可以实现全线速动。纵联差动保护在保护范围内任何一点发生故障时，能瞬时切除故障，所以说，纵联差动保护可以实现全线速动保护。

（4）不能作相邻元件的后备保护。差动保护在外部故障时是不能动作的，不需要和相邻保护在动作值和动作时限上配合，故它不能作相邻元件的后备保护。

第五章 高 频 保 护

一、基本内容和学习要点

1. 了解高频保护的概念和构成原理。
2. 掌握构成高频载波通道的主要元件及其作用。
3. 掌握方向高频保护的基本工作原理和基本组成元件。
4. 掌握相差高频保护的基本工作原理和基本组成元件。
5. 了解相差动高频保护闭锁角及相继动作问题。
6. 了解距离高频保护的基本概念。

二、习题解答

5-1 什么是高频通道的经常无高频电流方式和长期发信方式?

答: 经常无高频电流方式是正常时线路中无高频信号，而故障时发高频信号。长期发信方式是正常时发高频信号而故障时不发高频信号。

5-2 高频通道是由哪几部分组成的? 各部分有什么作用?

答: (1) 高频阻波器：是由电感线圈和可调电容器组成，当通过载波频率时，它所呈现的阻抗最大，即在两侧高频阻波器之内，不至于流入相邻的线路上去。对工频电流而言，高频阻波器的阻抗仅是电感线圈的阻抗，阻抗较小，因而工频电流可畅通无阻，不会影响输电线路正常传输。

(2) 结合电容器：是一个高压电容器，电容很小，对工频电压呈现很大的阻抗，使收发信机与高压输电线路绝缘，载频信号顺利通过。

(3) 连接滤波器：是一个可以调节的空心变压器，与结合电容器共同组成带通滤波器，连接滤波器起着阻抗匹配的作用，并减少高频信号的损耗，增加输出功率。

(4) 高频电缆：用来连接户内的收发信机和装在户外的连接滤波器。

(5) 保护间隙：是高频通道的辅助设备。用它来保护高频电缆和高频收发信机免遭过电压的袭击。

(6) 隔离开关：是高频通道的辅助设备。在调整或检修高频收发信机和连接滤波器时，用它来进行安全接地，以保证人身和设备的安全。

(7) 高频收发信机：发送和接收高频信号。发信机部分由继电保护来控制，通常都是在电力系统发生故障时，保护启动之后它才发出信号，但有时也可以采用长期发信的方式。由发信机发出信号，通过高频通道为对端的收信机所接收，也可为自己一端的收信机所接收。高频收信机接收到由本端和对端所发送的高频信号，经过比较判断之后，再动作于跳闸或将它闭锁。

5-3 简述高频闭锁方向保护的工作原理。

答: 高频闭锁方向保护是通过高频通道间接比较被保护线路两侧的功率方向，以判别是被保护范围内部故障还是外部故障。当区外故障时，被保护线路近短路点一侧为负短路功率，向输电线路发高频波，两侧收信机收到高频波后将各自保护闭锁。当区内故障时，线路两端的短路功率方向为正，发信机不向线路发送高频波，保护的启动元件不被闭锁，瞬时跳开两侧断路器。

5-4　简述相差高频保护的工作原理。

答：相差高频保护的工作原理是比较被保护线路两侧电流的相位，即利用高频信号将电流的相位传送到对侧去进行比较而决定跳闸与否。当发生区内故障时，线路两侧电流同相位，两侧高频发信机同时工作，发出高频信号，也同时停止发信。这样，在两侧收信机收到的高频信号是间断的，即正半周有高频信号，负半周无高频信号。经检波限幅倒相处理后，通过比相变压器耦合，二次侧有输出，启动闭锁继电器，并开放保护，发出跳闸脉冲。当发生区外故障时，线路两侧电流相位相差180°，两侧的发信机交替工作，两侧的收信机收到的高频信号是连续的高频信号。由于信号在传输过程中幅值有衰耗，因此送到对侧的信号幅值就要小一些。经检波限幅倒相处理后，电流为直流，比相变压器二次侧没有输出，不能启动比相闭锁继电器，保护不动作。

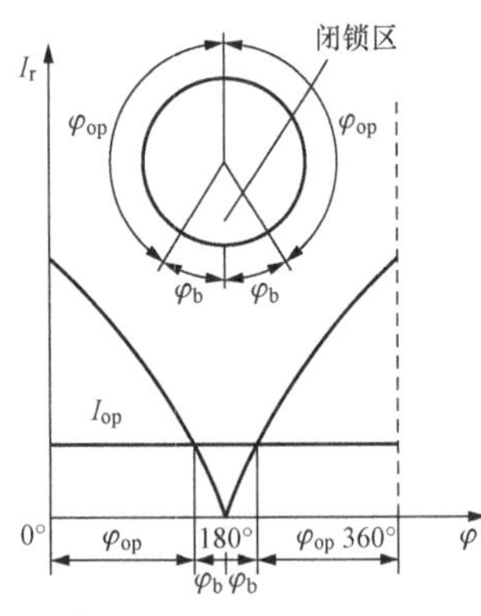

图5-1　题5-5图

5-5　什么是相差高频保护的闭锁角?

答：设继电器KDS的动作电流为I_{op}，则它与相位特性曲线有两个交点。在交点上部，$I_r>I_{op}$，继电器动作；交点下部，$I_r<I_{op}$，继电器不会动作。图5-1中的角φ_b称为保护的闭锁角，φ_{op}角称为保护的动作角。闭锁角φ_b的选定，必须满足：外部故障时保证保护不动作，内部故障时保证保护能正确动作。线路越长，闭锁角越大，而闭锁角越大，对保护动作的灵敏度的影响就越不利。

三、补充习题

（一）填空题

1. 高频保护是用__________代替二次导线，传送线路两侧__________。

答：高频载波；电信号。

2. 高频保护的原理是反应被保护线路首末两端__________或__________，用__________将信号传输到对侧加以比较而决定保护是否动作。

答：电流的差；功率方向信号；高频载波。

3. 高频保护在正常运行及区外故障时，__________，区内故障时__________。

答：保护不动；全线速动。

4. 高频阻波器当通过载波频率时，呈现出__________。而当通过工频电流时，呈现__________。

答：阻抗最大；阻抗较小。

5. 高频收发信机的作用是发送和接收。高频收信机接收由__________和__________发信机所发送的__________。

答：本端；对端；高频信号。

6. 高频信号按传送的信号性质，又可以分为传送________、________和________三种类型。

答：闭锁信号；允许信号；跳闸信号。

7. 线路两侧装设高频闭锁方向保护，当区外故障时，被保护线路近短路点一侧为________，向输电线路________，两侧收信机________后将各自保护闭锁。当区内故障时，线路两端的短路功率方向为________，发信机________，保护的启动元件________，瞬时跳开两侧断路器。

答：负短路功率；发高频波；收到高频波；正；不向线路发送高频波；不被闭锁。

8. 相差高频保护当被保护范围内部故障时，在两侧收信机收到的高频信号是________，保护________；当被保护范围外部故障时，在两侧收信机收到的高频信号是________，保护________。

答：间断的；动作；连续的；不动作。

9. 相差高频保护的相位特性是指相位比较继电器中的________和高频信号的________关系曲线。

答：电流；相位角。

（二）选择题

1. 方向高频保护为防止在系统振荡时可能误动，常采用________。

A. 零序保护　　B. 负序保护　　C. 距离保护

2. 高频闭锁距离保护中的距离保护用作________。

A. 主保护　　B. 后备保护　　C. 辅助保护

3. 相差高频保护在内部故障时高频通道遭破坏，________影响保护跳闸。

A. 不会　　B. 会　　C. 不一定

4. ________可实现全线速动。

A. 电流保护　　B. 高频保护　　C. 零序保护

5. 高频阻波器的作用是________。

A. 使收发信机与高压线路绝缘

B. 使高频电流限制在被保护线路以内

C. 发送高频信号

6. 结合电容器的作用是________。

A. 使收发信机与高压线路绝缘

B. 使高频电流限制在被保护线路以内

C. 发送高频信号

7. 相差高频保护是通过比较被保护线路两侧电流的________，而决定跳闸与否。

A. 大小　　B. 方向　　C. 相位

8. 高频保护________时，全线速动。

A. 正常运行　　B. 区外故障　　C. 区内故障

答：1. B　2. B　3. A　4. B　5. B　6. A　7. C　8. C

（三）判断题（正确的打“√”，错误的打“×”）

1. 方向高频保护在系统振荡时可能误动。（　）

2. 高频收信机只接收由对端发信机所发送的高频信号。（　）
3. 相差高频保护存在相继动作区。（　）
4. 保护间隙可在检修高频收发信机时进行安全接地，以保证人身的安全。（　）
5. 当发生区外故障时，高频保护不应动作。（　）
6. 当被保护范围外部故障时，相差高频保护的收信机收到的高频信号是断续的高频信号。（　）

答： 1. √　2. ×　3. √　4. ×　5. √　6. ×

（四）简答题

1. 试述相差高频保护在区内、区外故障时的比相过程。

答： 相差高频保护在使用时要安装在被保护线路的M、N两侧。在区外故障时，M侧短路电流与N侧短路电流相位相差180°，线路两侧的发信机交替工作，M侧发信机发出的高频方波信号与N侧发信机发出的高频方波信号交替传送，故收信机收到的高频信号是连续的高频信号。经检波限幅倒相处理后，电流为直流，比相变压器XB二次侧没有输出，不能启动比相闭锁继电器，而将保护闭锁。

当在区内故障时，M侧短路电流与N侧短路电流方向一致、相位相同，两侧高频发信机同时工作，发出高频信号，也同时停止发信。这样，在两侧收信机收到的高频信号是间断的，即正半周有高频信号，负半周无高频信号。经检波限幅倒相处理后，通过比相变压器XB耦合，二次侧有输出，启动闭锁继电器并开放保护，发出跳闸脉冲。

2. 相差高频保护三相停信回路断线或接触不良，将会引起什么后果？

答：（1）空投故障线路，若对侧装置停信回路断线，本侧高频保护将拒动。

（2）运行线路发生故障，若先跳闸侧装置停信回路断线，则后跳闸侧高频保护可能拒动。

3. 高频闭锁方向保护有何特点？

答：（1）在被保护线路两侧各装半套高频保护，通过高频信号的传送和比较，以实现保护的目的，它的保护只限于不需与相邻元件相配合，在被保护线路全长范围内发生各类故障，均能无时限切除。

（2）因高频保护不反应被保护线路以外的故障，不能作下一段线路的后备保护，所以线路上还需装设其他保护作本段线路的后备保护。

（3）高频闭锁方向保护选择性好，灵敏度高，广泛应用在110～220kV及以上的高压输电线路上作主保护。

第六章　自 动 重 合 闸

一、基本内容和学习要点

1. 掌握自动重合闸的作用及对重合闸的基本要求。
2. 掌握自动重合闸装置的基本组成元件及工作原理。
3. 熟练掌握各种工作状况。
4. 了解两侧电源的线路上自动重合闸的配置方式。
5. 掌握自动重合闸与继电保护的配合方式及其特点。

二、习题解答

6-1　为什么要采用自动重合闸？对自动重合闸装置有哪些要求？

答：采用自动重合闸装置在电力系统中有以下作用：大大提高供电的可靠性，减少停电时间；提高电力系统并列运行的稳定性；可以暂缓架设双回线路，节约了投资；对断路器的误跳闸起纠正的作用。

对自动重合闸装置有以下要求：

(1) 正常运行时，当断路器由继电器动作或其他非人工操作而跳闸后，自动重合闸装置均应动作，使断路器重新合上。

(2) 由运行人员手动操作或通过遥控装置将断路器断开时，自动重合闸不应启动。

(3) 继电保护动作切除故障后，自动重合闸装置应尽快发出合闸脉冲。

(4) 自动重合闸装置动作次数应符合预先的规定。

(5) 自动重合闸应有可能在重合闸以前或重合闸以后加速继电保护的动作，加速故障的切除。

(6) 在双侧电源的线路上实现重合闸时，重合闸应满足同期合闸条件。

(7) 当断路器处于不正常状态而不允许实现重合闸时，应将自动重合闸装置闭锁。

6-2　电磁式重合闸的主要组成元件是什么？各起什么作用？

答：时间继电器 KT：起延时作用。

具有两个线圈的中间继电器 KM：得到足够的电压或电流启动重合闸装置。

储能电容器 C：启动中间继电器。

充电电阻 R_4：充电作用（对电容 C 的充电时间为 10～15s）。

放电电阻 R_6：放电作用（瞬时对电容器 C 放电）。

信号灯 HL：指示自动重合闸装置能否动作。

6-3　为什么电磁式一次重合闸只能重合一次？

答：电磁式三相一次自动重合闸装置主要根据阻容充放电原理构成，只有电容充满电，才能使中间继电器得到足够的电压而动作。

当线路发生故障时，继电保护动作将断路器跳开后，自动重合闸装置动作将断路器重合。若线路发生的是永久性故障，断路器合闸后，继电保护动作再次将断路器断开，电容器 C 通过中间继电器 KM 的电压线圈放电，因电容 C 充电时间短，只有 1s，其两端电压不足以使中间继电器 KM 启动，故断路器不能再次重合。

6-4 电磁式重合闸为什么手动跳闸时不重合，手动合闸于故障线路时不重合？

答：电磁式三相一次自动重合闸装置主要根据阻容充放电原理构成，只有电容充满电，才能使中间继电器得到足够的电压而动作。

手动跳闸时，先用控制开关 SA 发出预跳命令，将储能电容器 C 上的电荷瞬时放掉，当 SA 开关发出跳闸命令时，断路器跳闸，这时，储能电容器 C 两端没有电压，中间继电器 KM 不能启动，而且再也不能启动，故手动跳闸时，自动重合闸装置不重合。

当手动合闸时，先将控制开关 SA 转向预合位置，绿灯 HG 闪光，表示合闸回路完好。然后将 SA 转向合闸位置，合闸回路接通使断路器合闸，同时启动加速继电器 KAC。当合于故障线路时，保护动作，经加速继电器 KAC 的常开触点使断路器加速跳闸。这时，因重合闸继电器中的电容器 C 尚未充满电，不能使中间继电器 KM 启动，所以断路器不能自动重合。

6-5 什么叫重合闸的前加速和后加速？它们各自有什么优缺点？

答：前加速：当线路发生故障时，继电保护加速电流保护的第Ⅲ段，造成无选择性瞬时切除故障，然后重合闸进行一次重合。若重合于瞬时性故障，则线路就恢复了供电。若重合于永久性故障，则保护带时限有选择性地切除故障。

前加速的优点：

(1) 能够快速地切除瞬时性故障。

(2) 使瞬时性故障不至于发展成永久性故障，从而提高重合闸的成功率。

(3) 使用设备少，只需装设一套重合闸装置，简单、经济。

前加速的缺点：

(1) 断路器工作条件恶劣，动作次数增多。

(2) 对永久性故障，故障切除时间可能较长。

(3) 如果重合闸装置或断路器拒绝合闸，将扩大停电范围。

后加速：当线路发生故障时，首先保护有选择性动作切除故障，重合闸进行一次重合。若重合于瞬时性故障，则线路恢复供电；如果重合于永久性故障上，则保护装置加速动作，瞬时切除故障。

后加速的优点：

(1) 第一次有选择性地切除故障，不会扩大停电范围。

(2) 保证了永久性故障能快速切除，并仍然是有选择性的。

(3) 和前加速比，使用中不受网络结构和负荷条件的限制。

后加速的缺点：

(1) 每个断路器上都需要装设一套重合闸，与前加速相比较为复杂。

(2) 第一次切除故障可能带有延时。

6-6　同步检定继电器的工作原理是什么？

答： 如图 6-1 所示，同步检定继电器有两个电压线圈，分别从母线侧和线路侧的电压互感器上接入同名相的电压 U_M 和 U_N，两组线圈在铁心中所产生的磁通方向是相反的。铁心中的总磁通 Φ_M 反应于两个电压所产生的磁通之差，即反应于两个电压之差，如图 6-2 中的 ΔU，而 ΔU 的数值则与两侧电压 U_M 和 U_N 之间的相位差有关。当 $U_M=U_N$ 时，$\Delta U=2U_M\sin\dfrac{\delta}{2}$。$\Delta U$ 的大小与断路器两侧电压的幅值和相位差 δ 有关，如 $\delta=0°$时，$\Delta U=0$，$\Phi_M=0$；δ 增加，Φ_M 也增大，则作用于活动舌片上的电磁力矩增大。当 δ 大到一定数值后，电磁吸力吸动舌片，即把继电器的常闭触点打开，将重合闸闭锁，使之不能动作。当 $U_M=U_N$，$\delta\leqslant 20°$时，同步检定继电器 KVV 常闭触点闭合，启动重合闸继电器，重合闸继电器经 0.5～1s 后发出合闸脉冲。

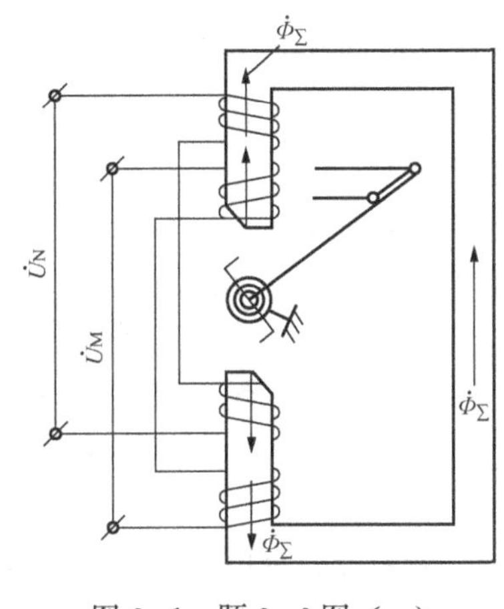

图 6-1　题 6-6 图（一）

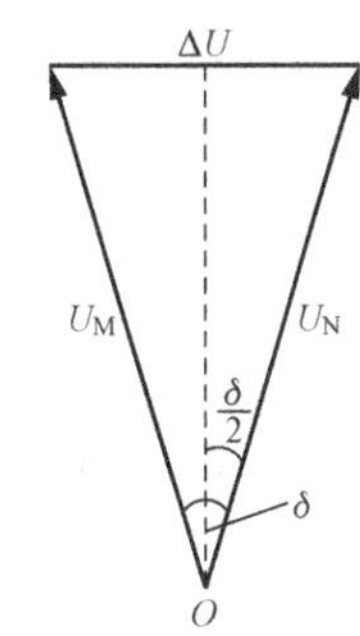

图 6-2　题 6-6 图（二）

6-7　重合器在性能上和结构上与断路器有什么不同？

答： 重合器在开断性能上具有开断短路电流、多次重合闸操作、保护特性操作的顺序、保护系统的复位功能。重合器的结构由灭弧室、操动机构、控制系统合闸线圈等部分组成。

6-8　分段器有哪些功能？其与重合器怎样配合？

答： 分段器的功能如下：

(1) 分段器具有自动对上一级保护装置跳闸次数的计数功能。

(2) 分段器不能切除故障电流，但是与重合器配合可分断线路永久性故障。

(3) 分段器可进行自动和手动跳闸，但合闸必须是手动的。

(4) 分段器有串接于主电路的跳闸线圈，更换线圈即可改变最小动作电流。

(5) 分段器与重合器之间无机械和电气联系，其安装地点不受限制。

分段器与重合器的配合原则如下：

(1) 分段器必须与重合器串联，并装在重合器的负荷侧。

(2) 后备重合器必须能检测到并能动作于分段器保护范围内的最小故障电流。

(3) 分段器的启动电流必须小于其保护范围内的最小故障电流。

(4) 分段器的热稳定额定值和动稳定额定值必须满足要求。

(5) 分段器的启动电流必须小于80%后备保护的最小分闸电流，大于预期最大负荷电流的峰值。

(6) 分段器的记录次数必须比后备保护闭锁前的分闸次数少1次以上。

(7) 分段器的记忆时间必须大于后备保护的积累故障开断时间。

三、补充题

(一) 填空题

1. 三相一次自动重合闸就是在输电线路上发生任何故障，__________将三相断路器断开时，__________启动，经0.5~1s的延时，发出重合脉冲，将三相断路器__________。

答：继电保护装置；自动重合闸；一起合上。

2. 双侧电源线路上常采用__________和__________自动重合闸方式。

答：同步检定；无电压检定。

3. 自动重合闸后加速是指当线路发生故障时，继电保护装置__________切除故障，然后重合闸进行一次重合，若重合于永久性故障，则保护__________切除故障。

答：延时有选择地；瞬时。

4. 自动重合闸前加速是指当线路发生故障时，继电保护装置__________切除故障，然后重合闸进行一次重合，若重合于永久性故障，则保护__________切除故障。

答：瞬时无选择地；延时有选择地。

5. 自动重合器是一种具有__________功能的自动化设备，具有不同时限的__________和__________功能，是一种集__________、__________、__________为一体的机电一体化新型电器。

答：保护、检测、控制；安秒曲线；多次重合闸；断路器、继电保护、操动机构。

(二) 选择题

1. 自动重合闸装置对__________有作用。

A. 架空线路　　B. 电缆线路　　C. 低压线路

2. 自动重合闸装置对__________故障有作用。

A. 永久　　B. 瞬时　　C. 接地

3. 下面__________情况，自动重合闸应启动。

A. 手动操作将断路器断开　B. 通过遥控装置将断路器断开

C. 发生故障将断路器断开

4. 单侧电源线路的自动重合闸必须在故障切除后，经一定时间间隔才允许发出合闸脉冲，这是因为__________。

A. 需与保护配合　　B. 故障点去游离需一定时间

C. 防止多次重合

5. 检查线路无电压和检查同期重合闸，在线路发生瞬时性故障跳闸后，__________。

A. 检查同期侧先合　　B. 检查无电压侧先合

C. 两侧同时合闸

6. 同步检定继电器的两个电压线圈在铁心中所产生的磁通方向是__________。

A. 相反的　　B. 相同的　　C. 不一定

7. 分段器是隔离故障线路区段的，通常与__________配合使用。

A. 熔断器　　B. 重合器　　C. 负荷开关

8. 重合器在开断性能上不具有__________功能。

A. 开断短路电流　　B. 多次重合闸操作　　C. 远方调节

答： 1. A　2. B　3. C　4. B　5. B　6. A　7. B　8. C

（三）判断题

1. 自动重合闸装置常用在电缆线路上。（　）
2. 自动重合闸可对断路器的误跳闸，可起纠正的作用。（　）
3. 当自动重合闸重合于永久性故障上时，对断路器工作条件没有影响。（　）
4. 发生故障时，当断路器由继电保护动作而跳闸后，自动重合闸装置应动作。（　）
5. 当手动跳闸于正常线路时，自动重合闸只重合一次。（　）
6. 当手动合闸于永久性故障线路时，自动重合闸只重合一次。（　）
7. 检查线路无电压和检查同期的重合闸装置，在线路发生永久性故障跳闸时，检查同期侧重合闸不会动作。（　）
8. 双侧电源线路上通常在每一侧都装设无电压检定和同步检定的继电器。（　）
9. 自动重合闸前加速要求在每段线路断路器上都装设一套重合闸。（　）
10. 分段器不能开断故障电流。（　）

答： 1. ×　2. √　3. ×　4. √　5. ×　6. ×　7. √　8. √　9. ×　10. √

（四）简答和分析题

1. 什么是自动重合闸装置？为什么架空线路装设自动重合闸装置，而电缆线路不装设重合闸装置？

答： 自动重合闸装置：是当断路器由继电保护动作或其他非人工操作而跳闸后，能够自动控制断路器重新合上的一种装置。

自动重合闸是为了避免瞬时性故障造成线路停电而设置的，对于架空线路有很多故障属于瞬时性故障（如鸟害、雷击、污闪），这些故障在绝大多数情况下，当跳开断路器后便随即消失，装设自动重合闸装置可快速恢复供电，提高供电的可靠性。电缆线路由于埋入地下，故障多属于永久性故障，重合闸效果不大，所以不用装设自动重合闸装置。

2. 绘图说明自动重合闸是怎样在发生故障时实现断路器重合的？

答： 如图 6 - 3 所示，当线路发生故障时，继电保护动作将断路器跳开后，断路器的辅助常闭触点 QF1 闭合，跳闸位置继电器 KCT 得电，其常开触点 KCT1 闭合，启动自动重合闸继电器中的时间继电器 KT。这时控制开关位置在合闸后位置，断路器在跳闸位置，两者位置不对应，这就是自动重合闸的启动原则。KT 经过约 0.5～1s 的延时，其常开触点 KT1 闭合。电容器 C 通过 KT1 及中间继电器 KM 的电压线圈放电，中间继电器 KM 启动，闭合其常开触点 KM1、KM2、KM3。电源经中间继电器的三个常开触点、中间继电器的自保持电流线圈、重合闸动作信号继电器 KS、防跳闭锁继电器 KFJ 的常闭触点 KFJ2、断路器辅助常闭触点 QF1 及合闸接触器 KO 的线圈构成通路，发出合闸脉冲。在合闸回路中，中间继电器的自保持线圈可以保证断路器可靠地合闸。为防止触点被焊住，该回路中串接中间继电器 KM 的三个常开触点。

若线路上发生的是瞬时性故障，断路器合闸后，KM 因电流自保持线圈失去电流而返

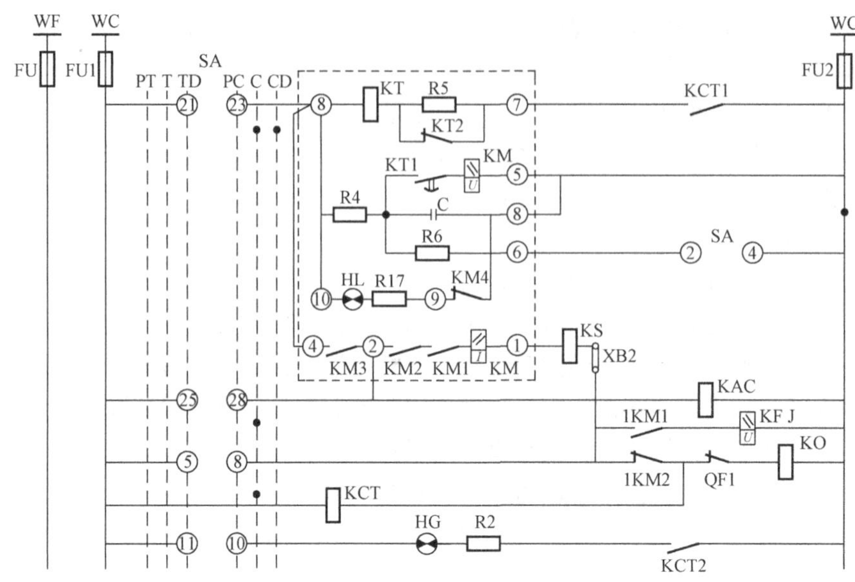

图 6-3　自动重合闸实现断路器重合图

回。同时，KCT 失电，其常开触点 KCT1 断开，重合闸继电器中的时间继电器 KT 失电，触点 KT1 断开，电容器 C 经 4R 重新充电，经 10～15s 又使电容 C 两端建立电压。整个回路复归，准备再次动作。

若线路发生的是永久性故障，断路器合闸后，继电保护动作再次将断路器断开，其辅助常闭触点 QF1 闭合，跳闸位置继电器 KCT 得电，其常开触点 KCT1 闭合，时间继电器 KT 启动，其常开触点 KT1 经过约 0.5～1s 的延时闭合。电容器 C 通过中间继电器 KM 的电压线圈放电，因电容 C 充电时间短，只有 1s，其两端电压不足以使中间继电器 KM 启动，故断路器不能再次重合。一般充电电阻 4R 的数值很大（约 20kΩ），与中间继电器电压线圈的电阻约 20kΩ 相近，所以加于中间继电器电压线圈的电压不足以使中间继电器启动，故保证自动重合闸只动作一次。

3. 绘图说明防跳继电器是怎样防止断路器跳跃的？

答： 为了防止断路器多次重合于故障线路，装设了防跳继电器 KFJ，在手动合闸及自动重合闸过程中都能防止断路器跳跃。如图 6-4 所示，当 KM1、KM2、KM3 接点卡住或粘住时，可以由 KFJ 来防止将断路器多次重合到永久性故障上。因为发生永久性故障时，重合闸进行第一次重合以后，保护将再次动作使断路器跳闸，在跳闸时使 KFJ 启动，于是 KFJ 的电压保持线圈经卡住了的 KM1～KM3 触点和本身的常开触点 KFJ1 而自保持，使断路器跳闸后 KFJ 不返回，故其常闭触点 KFJ2 的打开，切断合闸回路，使断路器不能再次重合。

同样，当手动合闸到永久性故障时，由于操作时 SA5～8 总要闭合一些时间，在保护动作使断路器跳开时，KFJ 启动，并经 SA5～8 及 KFJ1 接通其电压自保持回路，使 SA5～8 断开之前 KFJ 不能返回。借助于其常闭触点 KFJ2 的打开，切断合闸回路，使断路器不能重合。

4. 在双电源线路上，重合闸方式一般有哪些？

答： 在双电源线路上，重合闸方式采用具有同步检定和无电压检定的重合闸的工作方式，除在线路两侧均装设重合闸装置以外，在线路的一侧还装设有检定线路无电压的继电

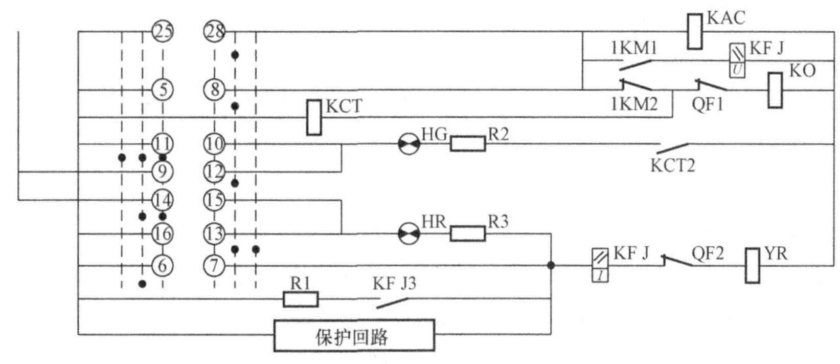

图 6-4　防跳继电器工作原理

器，而在另一侧则装设检定同步的继电器。

当线路发生故障，两侧断路器跳闸以后，检定线路无电压的 M 侧重合闸首先动作，使断路器投入。如果重合不成功，则断路器再次跳闸。此时，由于线路另一侧没有电压，同步检定继电器不动作，因此，该侧重合闸根本不启动。如果重合成功，则另一侧在检定同步之后，再投入断路器，线路即恢复正常工作。

通常在每一侧都装设无电压检定和同步检定的继电器，利用连接片进行切换，使两侧断路器轮换使用每种检定方式的重合闸，因而使两侧断路器工作的条件接近相同。

5. 如图 6-5 所示，变电站出口选用重合器，整定为“一快三慢”。分支线路选用六组跌落式自动分段器 S1、S2、S3、S4、S5、S6 将其线路分成 WL1、WL2、WL3、WL4、WL5、WL6、WL7 段。分段器的额定启动电流值与重合器启动电流值相配合，S1 计数次数 3 次，S2、S3、S5 计数次数 2 次，S4、S6 计数次数 1 次。试分别分析 k1、k2、k3 点短路时切除故障的过程。

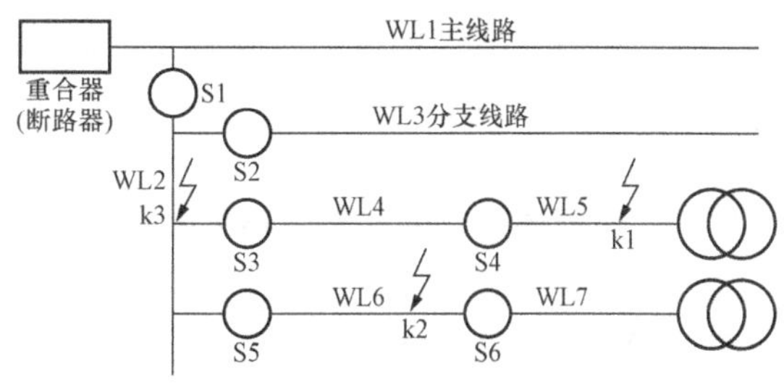

图 6-5　短路点切除故障的过程

答：（1）若故障 k1 发生在 WL5 段，重合器、分段器 S1、S3、S4 通过故障电流，重合器自动分闸，线路失压，S4 达到整定 1 次计数次数自动分闸跌落，隔离故障 WL5 段，重合器自动重合后恢复线路 WL1、WL2、WL3、WL4、WL6、WL7 段供电。

（2）若故障 k2 发生在 WL6 段，重合器、分段器 S1、S5 通过故障电流，重合器自动分闸，如果为瞬时故障，重合器自动重合成功恢复供电。S1、S5 没有达到整定计数次数应处于合闸状态。如果为永久性故障，重合器自动重合不成功，再次分闸，线路失压，S5 达到整定 2 次计数次数自动分闸跌落，隔离故障 WL6 段，S1 没有达到整定的计数次数处于合闸状态。重合器重合后恢复线路 WL1、WL2、WL3、WL4、WL5 段供电。

（3）若故障 k3 发生在 WL2 段，重合器、分段器 S1 通过故障电流，重合器自动分闸。如果为瞬时故障，重合器自动重合成功恢复供电。S1 没有达到整定计数次数应处于合闸状态。如果为永久性故障，重合器重合不成功，分闸，重合器再次重合不成功，再次分闸，线路失压，S1 达到整定 3 次计数次数自动分闸跌落，隔离故障 WL2 段，重合器重合后恢复线路 WL1 段供电。

第七章　电力变压器的继电保护

一、基本内容和学习要点

1. 了解变压器可能产生的故障类型和不正常运行状态，掌握变压器应有的保护方式。
2. 了解电流、电压保护在变压器中的应用。
3. 熟悉、掌握变压器纵差保护的基本工作原理。
4. 掌握在差动保护中产生不平衡电流的原因及减小不平衡电流的措施。
5. 掌握变压器差动保护的整定原则和方法。
6. 掌握差动继电器（BCH-1 型和 BCH-2 型）的构造和特性。

二、习题解答

7-1　电力变压器可能发生的故障和不正常工作情况有哪些？应该装设哪些保护？

答：变压器故障可分为油箱内部故障和油箱外部故障。油箱内部故障包括相间短路、绕组的匝间短路和单相接地短路。油箱外部故障包括引线及套管处会产生各种相间短路和接地故障。变压器的不正常工作状态主要是由外部短路或过负荷引起的过电流、油面降低和过励磁等。

应装设的保护有气体保护、纵联差动保护或电流速断保护、过电流保护、零序电流保护、过负荷保护和过励磁保护。

7-2　变压器差动保护产生不平衡电流的原因有哪些？与哪些因素有关？

答：变压器差动保护的不平衡电流包括稳态不平衡电流和暂态过程中的不平衡电流。

产生稳态不平衡电流的原因有：

（1）由变压器两侧电流相位不同而产生的不平衡电流，此不平衡电流主要与接线方式有关。

（2）由两侧电流互感器的误差引起的不平衡电流，其原因和两侧电流互感器励磁电流大小、二次负载的大小及励磁阻抗有关，而励磁阻抗又与铁心特性饱和程度有关。

（3）由计算变比与实际变比不同而产生的不平衡电流。由于两侧电流互感器都是根据产品目录选取标准变比，而变压器的变比也是一定的，因此三者的关系很难满足$\frac{n_{TA2}}{n_{TA1}/\sqrt{3}}=n_T$$\left(或\frac{n_{TA2}}{n_{TA1}}=n_T\right)$的要求，此时差动回路中将有电流流过。

（4）带负荷调压变压器的分接头产生的不平衡电流。改变分接头的位置，会改变变压器的变比，进而会破坏电流互感器变比的比等于变压器变比的条件，因而会产生不平衡电流。

产生暂态不平衡电流的原因有：

（1）外部短路时的不平衡电流。此不平衡电流主要是由在变压器差动保护范围外部发生故障的暂态过程中，变压器两侧电流互感器的铁心特性及饱和程度不同引起的。

(2) 由变压器的励磁涌流所产生的不平衡电流。变压器的励磁电流仅流经变压器的某一侧，因此通过电流互感器反映到差动回路中不能被平衡。在正常运行情况下，此电流很小，但是当变压器空载投入和外部故障切除后，电压恢复时，此电流可能数值很大。

7-3　为了提高差动保护的灵敏性并保证选择性，应采取哪些措施来减少不平衡电流及其对保护的影响？

答：对于稳态不平衡电流应采用的措施：

(1) 将变压器星形侧的三个电流互感器接成三角形，而将变压器三角形侧的三个电流互感器接成星形。

(2) 选带有气隙的D级铁心互感器，选大变比的电流互感器。

(3) 利用平衡线圈消除误差。

对于暂态不平衡电流应采用的措施：

(1) 在差回路中接入速饱和中间变流器。

(2) 采用具有速饱和铁心的差动继电器，利用二次谐波制动。

7-4　何谓变压器的励磁涌流？励磁涌流是如何产生的？有什么特点？

答：当变压器空载投入和外部故障切除后电压恢复时，则可能出现数值很大的励磁电流，此电流称为励磁涌流。

励磁涌流的特点：

(1) 包含有很大成分的非周期分量，往往使涌流偏于时间轴的一侧。

(2) 包含有大量的高次谐波，而以二次谐波为主。

(3) 波形之间出现间断，在一个周期中间断角为 α。

7-5　在变压器差动保护中，为什么不采取措施防止正常运行和外部故障情况下，由励磁涌流产生的不平衡电流？

答：变压器的励磁电流 I_{μ} 仅流经变压器的某一侧，因此，通过电流互感器反应到差动回路中不能被平衡，在正常运行情况下，此电流很小，一般不超过额定电流的2%～10%。在外部故障时，由于电压降低、励磁电流减小，它的影响就更小。

7-6　变压器的差动保护在何种情况下采用BCH-1型差动继电器？为什么？

答：一般采用BCH-2型差动继电器，当外部电流过大而使保护灵敏度不够时，采用BCH-1型差动继电器。

7-7　一台变压器如果采用Yd11接线方式，那么在构成差动保护时，变压器两侧的电流互感器应采用怎样的接线方式，才能补偿变压器两侧电流的相位差？请用相量图进行分析。

答：将变压器星形侧的三个电流互感器接成三角形，而将变压器三角形侧的三个电流互感器接成星形。

图7-1 (a) 所示为Yd11接线变压器的纵差动保护原理接线图。图中 $\dot{I}_{A1}^{Y}$、$\dot{I}_{B1}^{Y}$ 和 $\dot{I}_{C1}^{Y}$ 为

星形侧的一次电流，$\dot{I}_{A1}^{\triangle}$、$\dot{I}_{B1}^{\triangle}$ 和 $\dot{I}_{C1}^{\triangle}$ 为三角形侧的一次电流，后者超前 30°，如图 7-1（b）所示。现将星形侧的电流互感器也采用相应的三角形接线，则其二次侧输出电流为 $\dot{I}_{A2}^{Y}-\dot{I}_{B2}^{Y}$、$\dot{I}_{B2}^{Y}-\dot{I}_{C2}^{Y}$ 和 $\dot{I}_{C2}^{Y}-\dot{I}_{A2}^{Y}$，它们刚好与 $\dot{I}_{A2}^{Y}$、$\dot{I}_{B2}^{Y}$ 和 $\dot{I}_{C2}^{Y}$ 同相位，这样差动回路两侧的电流就是同相位的了。

但当电流互感器采用上述连接方式以后，在互感器接成三角形侧的差动一臂中电流又增大了$\sqrt{3}$倍。此时为保证在正常运行及外部故障情况下差动回路中应没有电流，就必须将该侧电流互感器的变比加大$\sqrt{3}$倍，以减小二次电流，使之与另一侧的电流相等，故此时选择变比的条件是

$$\frac{n_{TA2}}{n_{TA1}/\sqrt{3}}=n_T$$

式中，n_{TA1}和 n_{TA2}为适应 Yd 接线的需要而采用的电流互感器变比。

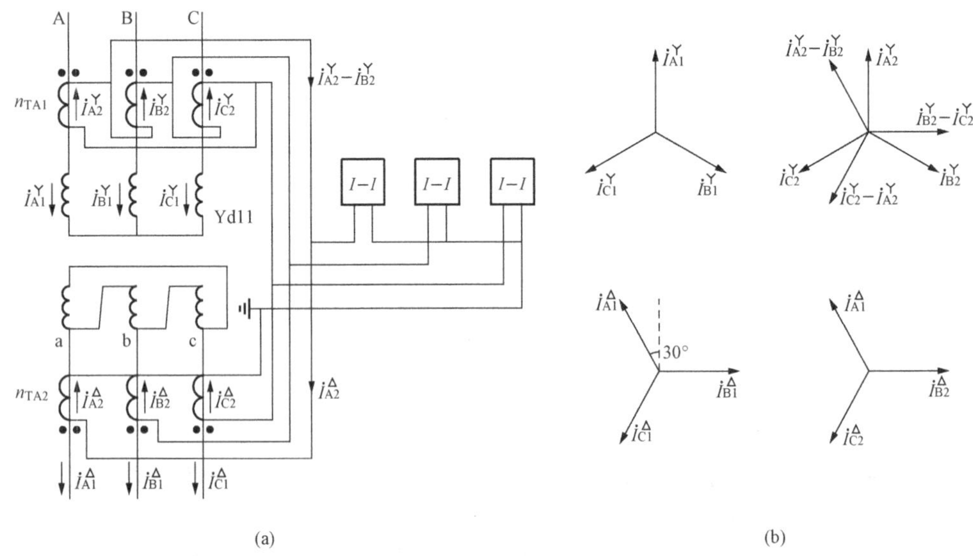

图 7-1　Yd11 接线变压器的纵差动保护原理接线图和相量图

（a）Yd11 接线变压器的纵差动保护原理接线图；（b）变压器纵联差动保护电流相量图

7-8　变压器差动保护中，BCH-1 型差动继电器从构造上、作用上与 BCH-2 型相比较，有什么不同？

答：从结构上，BCH-2 型差动继电器有短路线圈，其避越变压器励磁涌流的性能优越。BCH-1 型差动继电器有制动线圈，其避越外部故障时不平衡电流的性能优越。一般采用 BCH-2 型差动继电器，当外部电流过大而使保护灵敏度不够时，采用 BCH-1 型差动继电器。

7-9　由 BCH-1 型和 BCH-2 型差动继电器构成的差动保护的主要区别在哪里？它们各有什么缺点？

答：BCH-2 型差动继电器采用带短路线圈的加强型速饱和变流器，它能在较大程度上

避越变压器的励磁涌流及被保护区外故障时的不平衡电流，并且有较大的可靠系数。BCH-1型差动继电器带有制动线圈，具有更好的避越区外故障时不平衡电流的性能。BCH-2 型差动继电器保护灵敏度不高，BCH-1 型差动继电器避越变压器励磁涌流的性能不高。

7-10　什么叫变压器差动继电器的制动特性曲线？为什么它位于不平衡电流的上方？

答：继电器的动作安匝与制动安匝的关系如图 7-2 所示，这个曲线叫变压器差动继电器的安匝制动特性曲线。

具有制动特性的差动继电器是利用外部故障时的短路电流来实现制动的，其启动电流随制动电流的增加而增加，它能够可靠地躲开外部故障时的不平衡电流，因此其制动特性曲线位于不平衡电流的上方。

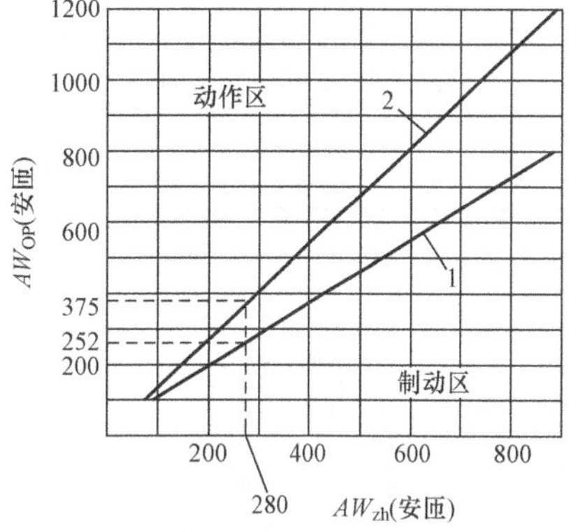

图 7-2　BCH-1 型差动继电器的安匝制动特性曲线

7-11　为什么有制动特性的差动保护，其灵敏度比无制动特性的差动保护高？

答：有制动特性的差动保护的灵敏度校验是根据动作安匝进行校验，即根据其制动特性校验。制动电流不是直流而是交流，即瞬时值，因此灵敏度比无制动特性的差动保护高。

7-12　变压器相间短路的后备保护有几种常用方式？试比较它们的优缺点。

答：(1) 过电流保护：过电流保护的时间整定方便，且在上下级保护的选择上容易做到准确的配合。但保护装置动作时限长，启动电流值较大，往往不能满足作为相邻元件后备保护的要求。保护的灵敏度与其接线方式和故障类型有关。

(2) 低电压启动的过电流保护：其灵敏度比过电流保护的灵敏度高。但对于升压变压器，如果低压元件只接于某一侧的电压互感器上，则当另一侧故障时，往往不能满足灵敏度系数的要求，且在低压保护中一般应装设电压回路断线的信号装置，接线复杂。

(3) 复合电压启动的过电流保护：对于不对称短路，电压元件的灵敏度系数较高，且电压元件的工作情况与变压器的接线方式无关，接线简单。但对于大容量的变压器和发电机组，由于其额定电流很大，而在相邻元件末端两相短路时的短路电流较小，因此采用复合电压启动的过电流保护往往不能满足作为相邻元件后备保护时对灵敏度系数的要求。

(4) 负序过电流保护：负序过电流保护的灵敏度较高，且在 Yd 接线的变压器另一侧发生不对称短路时，灵敏度不受影响；接线也较简单，但整定计算比较复杂。

(5) 过负荷保护：变压器过负荷电流三相对称，过负荷保护装置只采用一个电流继电器接于一相电流回路中，经过较长的延时后发出信号。过负荷保护的延时比变压器过电流保护时限长一个时限阶段。

7-13　如图 7-3 所示，单独运行的降压变压器中，采用 BCH-2 型差动继电器构成的纵联差动保护，已知变压器的参数为 20MVA，110 (1±2×2.5%)/11kV，U_d=10.5%，变压器采用 Yd11 接线，归算到平均电压 10.5kV 侧的系统最大电抗 $X_{s.max}$=0.44Ω，最小电抗

$X_{s.min}=0.22\Omega$，11kV 侧的最大负荷为 900A。试确定保护动作电流 I_{op}，差动线圈、平衡线圈的整定匝数 W_{cd}、W_{ph} 和灵敏度 K_{sen}。线路长为 30km。

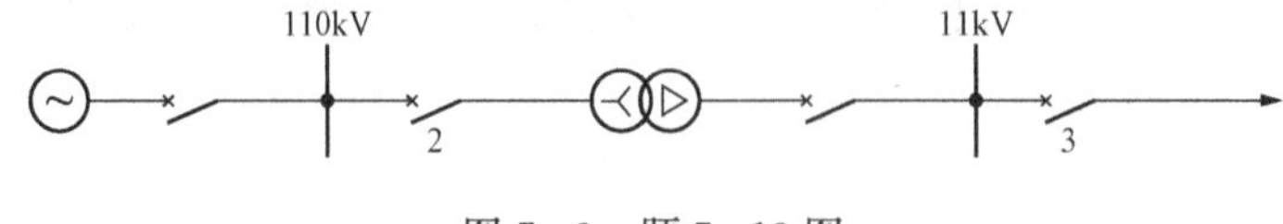

图 7-3 题 7-13 图

解 （1）确定基本侧。基本侧参考数据及差回路电流计算见表 7-1。由表 7-1 可以看出，110kV 电压级为基本侧。

表 7-1 **基本侧参考数据及差回路电流计算**

数 值 名 称	基本侧	非基本侧
额定电压（kV）	110	11
额定电流（A）	105	1050
电流互感器接线	△	Y
电流互感器计算变比	$(105/5)\times\sqrt{3}$	1050/5
电流互感器实际变比	400/5	3000/5
流入差回路中的电流（A）	$\frac{105}{400/5}\times\sqrt{3}=2.27$	$\frac{1050}{3000/5}=1.75$

（2）一次动作电流确定如下：

1）躲励磁涌流及电流互感器的二次断线，则

$$I_{op.b}=K_{rel}I_{N.T}=1.3\times105=136.5(\text{A})$$

2）躲开外部短路时的最大不平衡电流，则

$$I_{d.max}^{(3)}=\frac{U_N/\sqrt{3}}{X_{s.min}+X_1 l}=\frac{110/\sqrt{3}}{0.22+0.4\times30}=5200(\text{kA})$$

$$\begin{aligned}I_{op.b}&=K_{rel}I_{unb.max}=K_{rel}(I_{unb.TA}+I_{unb.\Delta U}+I_{unb.ph})\\&=1.3\times(0.1+0.05+0.05+0.05)\times5200=1690(\text{kA})\end{aligned}$$

动作电流取为

$$I_{op.b}=1690(\text{kA})$$

（3）计算差动线圈匝数及实际动作电流，有

$$I_{op.r.b}=K_{con}I_{op.b}/n_{TA}=\frac{1690\times\sqrt{3}}{3000/5}=4.88(\text{A})$$

$$W_{cd.c}=\frac{(AW)_{dz}}{I_{op.r.b}}=\frac{60}{4.88}=12.29(\text{匝})$$

差动线圈实际匝数向下圆整，整定匝数取为 12 匝。实际动作电流为

$$I_{op.r.b}=60/12=5(\text{A})$$

（4）计算非基本侧平衡线圈的匝数，则

$$W_{ph}=\frac{I_{2N.b}-I_{2N.nb}}{I_{2N.nb}}W_{cd.set}=\frac{2.27-1.75}{1.75}\times12=3.57(\text{匝})$$

按四舍五入圆整，平衡线圈匝数为 4 匝。

（5）平衡线圈的圆整误差为

$$\Delta f_{ph} = (W_{ph.c} - W_{ph.pr})/(W_{ph.c} + W_{cd.set})$$
$$= (3.57 - 4)/(3.57 + 12) = -0.028 < 0.05 \quad 合格$$

（6）灵敏度校验，有

$$I_{d.min}^{(3)} = \frac{U_N/\sqrt{3}}{X_{s.max} + X_1 l} = \frac{110/\sqrt{3}}{0.44 + 0.4 \times 30} = 5100(A)$$
$$K_{sen} = I_{d.min}/I_{op} = 5100/1365 = 3.74 > 2 \quad 合格$$

7-14　图7-4所示为一单电源三绕组变压器，已知：

（1）变压器的参数：容量 40.5/40.5/40.5MVA，Yd11 接线，110（1±2×2.5%）/38.5（1±2×2.5%）/11kV。

（2）k1、k2、k3 点三相短路时，归算到 110kV 侧的短路点电流已在教材图 7-30 中标出（括号内的数值为最小运行方式下的短路电流）。

（3）当 110kV 侧发生单相接地短路时，流过故障点的最小短路电流为 $I_{d.min}$=2200A。

（4）变压器采用 BCH-1 型差动继电器构成的纵联差动保护。试求纵联差动保护的整定参数：动作电流，制动线圈、平衡线圈、差动线圈匝数和灵敏系数。

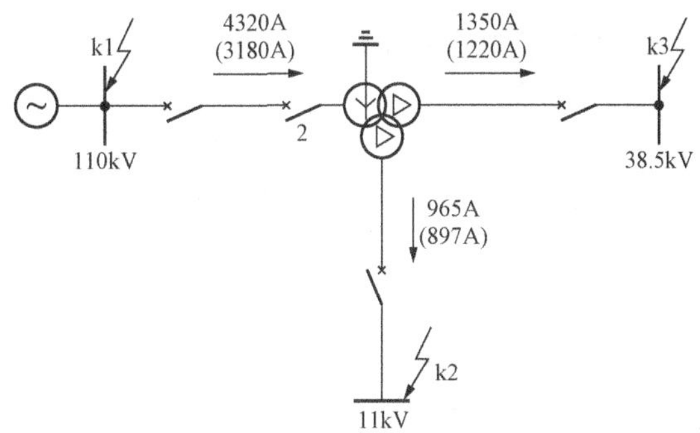

图 7-4　题 7-14 图

解　（1）确定基本侧。基本侧参考数据及差回路电流计算见表 7-2。由表可以看出，110kV 电压级为基本侧（制动线圈放在 38.5kV 侧）。

表 7-2　　基本侧参考数据及差回路电流计算

数值名称	基本侧	非基本侧	
额定电压（kV）	110	38.5	11
额定电流（A）	213	608	2130
电流互感器接线	△	Y	Y
电流互感器计算变比 $n_{TA.js}$	$(213/5)\times\sqrt{3}$	608/5	2130/5
电流互感器实际变比 $n_{TA.sj}$	400/5	750/5	3000/5
流入差回路中的电流（A）	$\frac{213}{400/5}\times\sqrt{3}=4.61$	$\frac{608}{750/5}=4.05$	$\frac{2130}{3000/5}=3.55$
不平衡电流（A）	0	4.61−4.05=0.56	4.61−3.55=1.06

（2）差动保护的一次动作电流确定如下：

1）躲励磁涌流，整定为

$$I_{op.b}=K_{rel}I_{N.T}=1.5\times 213=319.5(A)$$

2）躲开 k2 点短路（11kV 侧）时的最大短路电流产生的不平衡电流，整定为

$$I_{op.b}=K_{rel}I_{unb.max}=K_{rel}(I_{unb.TA}+I_{unb.\Delta U}+I_{unb.ph})$$
$$=1.3\times(0.1+0.05+0.05)\times 965=250(A)$$

（3）计算差动线圈匝数及实际动作电流，则

$$I_{op.r.b.c}=K_{con}I_{op.b}/n_{TA}=\frac{319.5\times\sqrt{3}}{400/5}=6.9(A)$$

$$W_{cd.c}=\frac{(AW)_{dz}}{I_{op.r.b.c}}=\frac{60}{6.9}=8.7(\text{匝})$$

差动线圈实际匝数向下圆整，整定匝数取为 8 匝。实际动作电流为

$$I_{op.r.b.pr}=60/8=7.5(A)$$

（4）计算非基本侧平衡线圈的匝数：

1）38.5kV 侧平衡线圈匝数的计算式为

$$W_{ph.(38.5).c}=\frac{I_{2.b}-I_{2.nb.(38.5)}}{I_{2.nb.(38.5)}}W_{cd.set}=\frac{4.61-4.05}{4.05}\times 8=1.1(\text{匝})$$

按四舍五入圆整，38.5kV 侧平衡线圈匝数为 1 匝。

2）11kV 侧平衡线圈匝数的计算式为

$$W_{ph.11.c}=\frac{I_{2.b}-I_{2.nb.11}}{I_{2.nb.11}}W_{cd.set}=\frac{4.61-3.55}{3.55}\times 8=2.39(\text{匝})$$

按四舍五入圆整，11kV 侧平衡线圈匝数为 2 匝。

（5）平衡线圈的圆整误差为

$$\Delta f_{ph.(38.5)}=(W_{ph.c}-W_{ph.pr})/(W_{ph.c}+W_{cd.set})=(1.1-1)/(1.1+8)=0.012<0.05$$
$$\Delta f_{ph.11}=(W_{ph.c}-W_{ph.pr})/(W_{ph.c}+W_{cd.set})=(2.36-2)/(2.36+8)=0.035<0.05$$

（6）计算制动线圈匝数为

$$W_{zh.c}=\frac{K_{rel}(K_{err}+\Delta U+\Delta f_{ph})}{\tan\theta_1}W_{cd.set}$$
$$=\frac{1.3\times(0.1+0.05+0.05+0.009)}{0.9}\times 8=2.41(\text{匝})$$

制动线圈的实际匝数应向上圆整，取 $W_{zh.pr}=3$(匝)。

（7）灵敏度校验。

在校验点短路时，流过制动线圈的电流为负荷电流，制动安匝为

$$(AW)_{zh}=I_{N.T.(38.5).r}W_{zh.pr}=4.05\times 3=12.15(\text{匝})$$

查 BCH-1 型继电器最大安匝制动曲线 2 或计算相应的动作安匝，则

$$(AW)_{op}=(AW)_{zh}\tan\theta_2=12.15\times 1.4=17<60(\text{安匝})$$

继电器的动作安匝取为 60 安匝。

灵敏度校验为

$$K_{sen}=\frac{I_{d.r.min}W_{cd.op}}{(AW)_{op}}=\frac{I_{d.min}K_{con}W_{cd.set}}{n_{TA}(AW)_{op}}=\frac{897\times\sqrt{3}\times 8}{(400/5)\times 60}=2.55>2\quad\text{合格}$$

单相接地短路灵敏度校验为

$$K_{sen}^{(1)}=\frac{I_d^{(1)}W_{cd.set}}{n_{TA}\times 60}=\frac{2200\times 8}{(400/5)\times 60}=3.7>2\quad 合格$$

三、补充题

（一）填空题

1. 变压器油箱内部故障包括__________、__________和__________。

答：相间短路；绕组的匝间短路；单相接地短路。

2. 为反应变压器油箱内部各种短路故障和油面降低，变压器应装设__________；为反应变压器绕组和引出线的相间短路，应装设__________或__________。

答：瓦斯保护；纵差保护；电流速断保护。

3. 对于10MVA的较小容量的变压器且过电流保护时限大于0.5s，变压器主保护一般采用__________和__________保护。

答：气体保护；电流速断保护。

4. 对于10MVA及以上的变压器主保护常采用__________和__________保护。

答：气体保护；纵差。

5. 气体保护是反应变压器油箱内部__________和__________而动作的保护，保护变压器油箱内__________。

答：气体的数量；流动的速度；各种短路故障。

6. 变压器油箱内部发生轻微故障时，气体保护发生__________保护动作信号；当油箱内部发生严重故障时，发出跳闸脉冲，表示__________保护动作。

答：轻瓦斯；重瓦斯。

7. 变压器的电流速断保护是反应__________增大而__________动作的保护。装于变压器的__________侧，对__________进行保护。

答：电流；瞬时；电源；变压器及其引出线上各种型式的短路。

8. 变压器纵联差动保护是反应被保护变压器__________，为了保证纵联差动保护的正确工作，应使变压器变比等于__________。

答：各端流入和流出电流的相量差；两个电流互感器变比之比。

9. 对于YNd11接线的变压器，两侧电流存在着__________度相位差，在装设纵差保护时，变压器YN侧的电流互感器二次绕组应接成__________形，d侧的应接成__________形，以消除由于相角差引起的不平衡电流，确保差动保护正确工作。

答：30；△；Y。

10. 在变压器差动保护中，由于电流互感器的计算变比与实际变比不同而产生的不平衡电流，一般用差动继电器中的__________线圈来解决，该线圈应接于差动保护臂电流__________的一侧。

答：平衡；较小。

11. BCH-2型差动继电器有一个__________线圈，两个__________线圈，一个__________线圈和一个__________线圈。

答：差动；平衡；短路；工作。

12. BCH-1型差动继电器有一个__________线圈，两个__________线圈，一个__________

线圈和一个__________线圈。

答：差动；平衡；制动；工作。

13. 对单侧电源的双绕组变压器，制动线圈应接于__________侧，__________时有制动作用，__________时没有制动作用。

答：负荷；外部故障；内部故障。

14. 过电流保护装置应装于变压器的__________侧，保护动作后，跳开变压器__________的断路器。

答：电源；两侧。

15. 采用低压启动的过电流保护，只有__________和__________同时动作后才能启动时间继电器，经预定的延时发出跳闸脉冲。

答：电压测量元件；电流测量元件。

16. 复合电压启动的过电流保护由__________、__________及__________组成复合电压启动回路。

答：负序电压滤过器；过电压继电器；低电压继电器。

（二）选择题

1. 在变压器纵差动保护中防止励磁涌流，可采用__________。

A. 负序分量制动　　B. 二次谐波制动　　C. 小变比的电流互感器

2. 在变压器纵差动保护中防止外部短路产生误动，可采用__________。

A. 速饱和变流器　　B. 二次谐波制动　　C. 小变比的电流互感器

3. 为了减少被保护变压器两侧电流互感器型号不同而产生的不平衡电流，可采用__________。

A. 小截面导线　　B. 二次谐波制动　　C. 大变比的电流互感器

4. 确定差动保护的动作电流时不需躲过__________产生的不平衡电流。

A. 电流互感器二次断线　　B. 变压器的励磁涌流　　C. 内部短路时

5. 对于大容量的变压器，差动保护短路线圈匝数应选取__________。

A. 较少的　　B. 较多的　　C. 多少无所谓

6. BCH-1 型差动继电器__________线圈的作用是使两个边柱的铁心饱和，加大继电器的动作安匝。

A. 差动　　B. 制动　　C. 平衡

7. 变电站有多台变压器并列运行，当发生接地故障时，变压器的零序保护首先应切除__________的变压器。

A. 非接地　　B. 接地　　C. 容量小

8. 由于调整电力变压器分接头，会在其差动保护中引起不平衡电流的增加，解决方法为__________。

A. 增大平衡线圈数　　B. 提高差动保护的整定值　　C. 减少平衡线圈匝数

答：1. B　2. A　3. C　4. C　5. A　6. B　7. A　8. B

（三）判断题（正确的打“√”，错误的打“×”）

1. BCH-1 型差动继电器中，制动线圈的作用是躲过励磁涌流。　（　）

2. BCH-2 型差动继电器躲励磁涌流的能力较强。　（　）

3. 在变压器纵差动保护中采用具有速饱和铁心的差动继电器可防止励磁涌流影响。（　）

4. 变压器纵差动保护中平衡线圈的作用是提高差动继电器躲过励磁涌流的能力。（　）

5. 将变压器两侧电流互感器流入差回路的电流中较小的一侧作为基本侧。（　）

6. 变压器过负荷保护装置需采用三个电流继电器。（　）

7. 降压变压器采用复合电压启动的过流保护比采用低压启动的过流保护的灵敏度，在各种短路故障下都高。（　）

8. 双绕组变压器差动保护的正常接线，应该是正常运行及外部故障时，高、低压侧二次电流相位相同，流入差动继电器差动线圈的电流为变压器高、低压侧二次电流之相量和。（　）

答：1. ×　2. √　3. √　4. ×　5. ×　6. ×　7. √　8. √

（四）简答题

1. 变压器纵差动保护和气体保护能不能互相代替？为什么？

答：气体保护只能反应变压器油箱内故障，对于像变压器绝缘子闪络等油箱外故障气体保护不能反应，所以气体保护不能代替纵联差动保护。

气体保护能反应的一些油箱内故障，如铁心过热烧伤、油面降低等，纵差动保护不能反应。又如：变压器绕组发生线匝数较少的匝间短路时，短路电流很大会造成局部绕组过热产生强烈的油流向油枕方向冲击，但表现在相电流上其值并不大，因此纵差动保护没有反应但气体保护能够反应。

2. 变压器纵差动保护中的不平衡电流：

（1）与差动电流在概念上有何区别和联系？

（2）哪些是由测量误差引起的？哪些是由变压器结构和参数引起的？

（3）哪些属于稳态不平衡电流？哪些属于暂态不平衡电流？

（4）电流互感器引起的暂态不平衡电流为什么会偏离时间轴的一侧？

答：（1）不平衡电流是由于变压器各侧电流互感器的励磁特性不完全一致，在正常运行及外部故障时，流过纵差动保护的电流。纵差动保护需要采取措施减小不平衡电流的影响，提高保护的灵敏度。

差动电流是指流入到差动继电器中的电流。在正常运行及外部故障时，流入到差动继电器中的电流为不平衡电流。

（2）变压器各侧电流互感器传变误差产生的不平衡电流、短路电流的非周期分量引起的不平衡电流是测量误差。其余不平衡电流是由变压器结构和参数引起的。

（3）稳态不平衡电流有：由变压器各侧电流互感器传变误差产生的不平衡电流，由电流互感器的实际变比和计算变比不同产生的不平衡电流，由变压器带负荷调节分接头产生的不平衡电流。

暂态不平衡电流有：由于短路电流的非周期分量主要为电流互感器的励磁电流，使其铁心饱和，误差增大而产生的不平衡电流；变压器空载合闸的励磁电流，仅在变压器一侧有电流。

（4）由于电流互感器引起的暂态不平衡电流中包含有大量的非周期分量，使电流互感器的铁心饱和。

3. 变压器绕组一相断线或一相断路器断开时，对纵差动保护有影响吗？为什么？

答： 变压器绕组一相断线或一相断路器断开时，对纵差动保护没有影响。当变压器一相断线或一相断路器断开时，利用对称分量法可以将电流分解为正序、负序、零序电流。正序、负序电流均为穿越性电流。若利用电流互感器的接线进行相位校正时，由于变压器的Y形侧TA结成三角形，不会有零序电流流入保护装置，同时变压器三角形侧也没有零序电流流入保护装置。若利用软件进行相位校正时，差动电流的表达式中消除了零序电流的影响。

4. 速饱和变流器是否能减小不平衡电流？为什么？它对差动保护有何影响？

答： 速饱和变流器不能减小不平衡电流。因为产生不平衡电流的根本原因是被保护设备两侧电流互感器的励磁特性不同。

速饱和变流器能大大抑制短路电流中非周期分量的影响。因此，外部故障时能减小不平衡电流对差动保护的影响。内部故障时，只有待非周期分量减小到一定程度后差动保护才能动作，故有延时。

5. 为什么比率制动特性差动保护在区内故障时的灵敏性高于无制动特性的差动保护？

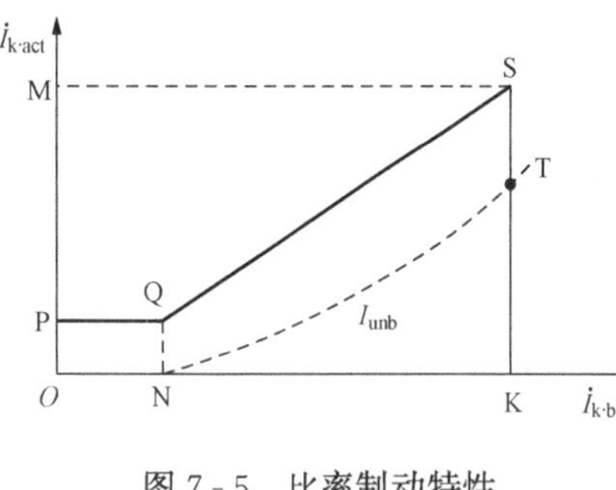

图7-5 比率制动特性

答： 对于无制动特性差动保护，为防止区外故障引起误动作，其动作电流按躲过区外故障时最大不平衡电流（如图7-5中线段$\overline{KT}$）整定，即图中$\overline{KS}$或$\overline{QM}$。对于比率制动特性差动保护在区内故障时，因制动电流很小，继电器无制动作用，而动作电流为继电器最小动作电流，如图中$\overline{QP}$。显然$\overline{QP}$远小于$\overline{QM}$，故区内短路时比率制动型差动保护灵敏性高。

6. 与低电压启动的过电流保护相比，复合电压启动的过电流保护为什么能够提高灵敏度？

答：（1）复合电压启动的过电流保护中的负序电压元件的动作电压按躲过正常运行时负序滤过器出现的最大不平衡电压来整定。在不对称故障时，比低电压启动的过电流保护灵敏度高。

（2）在变压器高压侧发生不对称短路时，复合电压启动元件的灵敏度与变压器的接地方式无关。

7. 变压器后备保护可采取哪些方案，各有什么特点？

答： 变压器相间短路的后备保护既是变压器的后备保护，又是相邻母线或线路的后备保护，故可采用以下几种保护。

（1）过流保护。低电压启动的过流保护，比过流保护灵敏性高。

（2）复合电压启动的过电流保护，适用于升压变压器和系统联络变压器及过流保护灵敏系数达不到要求的降压变压器。

（3）负序电流的过电流保护，可以反应不对称短路和三相短路故障。负序电流保护不对称短路和三相短路故障。负序电路保护的灵敏系数较高，但整定计算复杂，通常用于63MVA及以上升压变压器的保护。

（五）计算题

一台双绕组变压器，容量为15MVA，变压比为35kV（1±2×2.5%）/6.6kV，短路电压$U_k\%=8$，Yd11接线，差动保护采用BCH-2型继电器，求差动保护的整定值。已知6.6kV侧最大负荷电流为1000A，6.6kV侧外部短路时最大三相短路电流为9420A，最小三相短路电流为7300A（已归算到6.6kV侧），35kV侧电流互感器变比为600/5，6.6kV侧电流互感器变比为1500/5，可靠系数$K_{rel}=1.3$。

解　(1) 求变压器各侧的一次额定电流，选择电流互感器变比，求各侧电流互感器二次回路的额定电流。变压器各侧有关计算数据结果见表7-3。

表7-3　变压器各侧有关计算数据

数据名称	各侧数据	
	35kV	6.6kV
变压器的额定电流（A）	$I_{TN.Y}=\frac{S_{TN}}{\sqrt{3}U_{N1}}=\frac{1500}{\sqrt{3}\times 35}=247$	$I_{TN.d}=\frac{1500}{\sqrt{3}\times 66}=1312$
电流互感器接线方式	△	Y
电流互感器变比计算值	$K_{TA.d}=\frac{\sqrt{3}I_{TN.Y}}{5}=\frac{\sqrt{3}\times 247}{5}=\frac{428}{5}$	$K_{TA.y}=\frac{I_{TN.d}}{5}=\frac{1312}{5}$
选择电流互感器标准变比	$\frac{600}{5}$	$\frac{1500}{5}$
电流互感器二次回路额定电流（A）	$I_{1N}=\frac{\sqrt{3}\times 247}{120}=3.57$	$I_{2N}=\frac{1312}{300}=4.37$

从表7-3可见，6.6kV侧二次回路电流较大，因此确定6.6kV侧为基本侧（Ⅰ侧）。

(2) 计算保护的一次动作电流值。

1）按躲过变压器励磁涌流条件

$$I_{op}=K_{rel}I_{N.d}=1.3\times 1312=1705(\text{A})$$

2）按躲过外部穿越性短路最大不平衡电流的条件

$$\begin{aligned}I_{op}&=K_{rel}I_{unb.max}=K_{rel}(K_{st}K_{err}+\Delta U+\Delta f_s)I_{k.max}\\&=1.3\times(1\times 0.1+0.05+0.05)\times 9420=2450(\text{A})\end{aligned}$$

3）按躲过电流互感器二次回路断线的条件

$$I_{op}=K_{rel}I_{L.max}=1.3\times 1000=1300(\text{A})$$

选取上述条件中计算最大的作为基本侧的一次动作电流，即取$I_{op}=2450$A。

4）差动继电器基本侧的动作电流为

$$I_{op.r}=\frac{I_{op}K_{con}}{K_{TA.y}}=\frac{2450\times 1}{600/5}=8.17(\text{A})$$

(3) 确定BCH-2型差动继电器各绕组的匝数。

该继电器在保持$I_{TN.Y}=\frac{S_{TN}}{\sqrt{3}U_{N1}}=\frac{1500}{\sqrt{3}\times 35}=247$（A），$W''_k/W'_k=2$时其动作安匝数为

$$W_{op}=\frac{AN}{I_{op.r}}=\frac{60\pm 4}{8.17}=7(\text{匝})$$

为平衡得更精确，使不平衡电流影响更小，可将接于基本侧平衡绕组匝数$W_{bⅠ}$作为基本侧动作安匝数的一部分，故选取差动绕组整定匝数$W_{d.set}=6$匝，平衡绕组整定匝数

$W_{b\mathrm{I}.set}=1$ 匝，即 $W_{op.set}=W_{d.set}+W_{b\mathrm{I}.set}=6+1=7$（匝）。

确定非基本侧平衡绕组 $W_{b\mathrm{II}}$ 匝数为

$$I_1(W_{d.set}+W_{b\mathrm{II}})=I_2(W_{d.set}+W_{b\mathrm{I}})$$

$$W_{b\mathrm{II}}=\frac{I_{1N}}{I_{2N}}W_{op.set}-W_{d.set}=\frac{4.37}{3.57}\times7-6=8.57-6=2.57(\text{匝})$$

选定非基本侧平衡绕组匝数 $W_{b\mathrm{II}.set}=3$ 匝。

计算其相对误差为

$$\Delta f_s=\frac{W_{b\mathrm{II}}-W_{b\mathrm{II}.set}}{W_{b\mathrm{II}}+W_{b.set}}=\frac{2.6-3}{2.6+6}=-0.0465$$

由于 $0.0465<0.05$，故不需要重算 I_{op}。

初步确定短路绕组端头为“C-C”。

（4）校验灵敏系数。

6.6kV 侧二相短路归算到 35kV 侧流入继电器的电流为

$$I_{k2.r}^{(2)}=\frac{\sqrt{3}}{2}\left(\frac{\sqrt{3}I_{k2.min}^{3}}{K_{av}K_{TA}}\right)=\frac{3}{2}\times\frac{7300}{\frac{37}{6.3}\times\frac{600}{5}}=\frac{3}{2}\times\frac{7300}{5.873\times120}=15.54(\text{A})$$

$$K_{av}=37/6.3=5.873,\quad K_{TA}=600/5=120$$

35kV 侧差动继电器动作电流为

$$I_{op.r}=\frac{AN}{W_{d.set}+W_{b\mathrm{II}.set}}=\frac{60}{6+3}=6.67(\text{A})$$

差动保护装置最小灵敏系数为

$$K_{s.min}^{(2)}=\frac{I_{k2.r}^{(2)}}{I_{op.r}}=\frac{15.54}{6.67}=2.33>2$$

满足要求。

第八章　微　机　保　护

一、基本内容和学习要点

1. 了解微机保护的发展、基本构成和特点。

2. 掌握微机保护的基本组成。

3. 掌握微机保护的常用算法。

二、习题解答

8-1　微机保护有哪些特点和优点？

答：特点：维护调试方便，可靠性高，易于获得附加功能，灵活性大及良好的性价比。

优点：程序可以实现自适应性、有可存取的存储器、在现场可灵活地改变继电器的特性、可以使保护性能得到更大的改进、有自检能力、有利于事故后分析、可与计算机交换信息、可增加硬件的功能、可在低功率传变机构内工作。

8-2　为防止频率混叠现象，若计及16次谐波，采样频率的最小值是多少？

答：基频为50Hz，则16次谐波频率为800Hz，因此采样频率的最小值为1600Hz。

8-3　哪些微机保护的算法能减小或消除直流分量的影响？

答：数字滤波算法、正弦函数模型算法、半周波傅里叶算法和解微分方程算法。

8-4　若每工频周期采样12点，欲滤除3次谐波，那么差分滤波器差分步长应取多少？

答：$m=l\dfrac{N}{K}$，即$3=1\times\dfrac{12}{K}$，解得$K=4$。所以差分滤波器差分步长应取4。

8-5　为什么说解微分方程算法只能用于距离保护？

答：这种算法是假定保护线路分布电容可以忽略，故障点到保护安装处的线路段可用一电阻和电感串联电路来表示。

8-6　简述微机保护软件的构成。

答：(1) 接口软件：接口软件是指人机接口部分的软件，其程序可分为监控程序和运行程序。执行哪一部分程序由接口面板的工作方式或显示器上显示的菜单选择来决定。

(2) 保护软件：保护软件为主程序和两个中断服务程序。主程序包括初始化和自检循环模块、保护逻辑判断模块和跳闸处理模块。中断服务程序有定时采样中断服务程序和串行口通信中断服务程序。保护软件有运行、调试和不对应状态三种工作方式。

(3) 中断服务程序。

8-7　微机保护中常见的流程基本结构是什么？

答： 顺序结构［如图8-1（a）所示］、转换结构［如图8-1（b）所示］、混合结构［如图8-1（c）所示］。

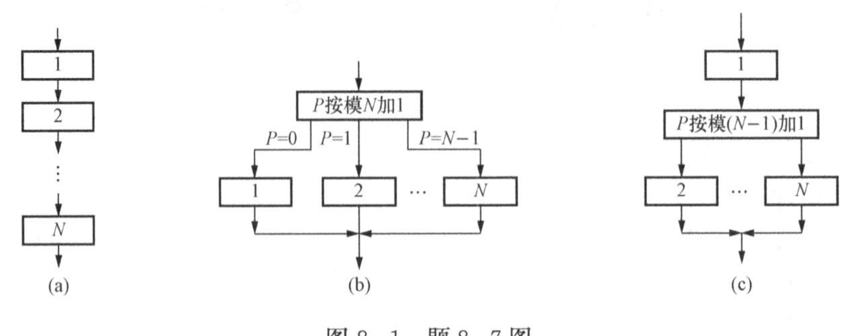

图8-1　题8-7图

8-8　提高微机保护可靠性的常见措施有哪些？

答：（1）抗干扰措施：对输入采样值的抗干扰纠错、运算过程的校核纠偏、保护出口的闭锁、程序出格的自恢复。

（2）自动检测技术：可读写存储器RAM自检、只读存储器EPROM自检、开关量输入通道自检、开关量输出回路自检。

三、补充题

（一）填空题

1. 微机保护装置的CPU主要有________、________和________等类型。

答： 单片微处理器；单片微处理器；数字式信号处理器。

2. 典型的交流模拟量输入接口按信号流程主要包括以下各部分：________、________、________、________。

答： 电压形成回路；前置模拟低通滤波器（ALF）；采样保持（S/H）电路；模数变换（A/D）电路。

3. 微机保护装置的基本软件流程由________流程和________流程构成。

答： 主程序；中断服务程序。

（二）选择题

1. ________不是微机保护装置的特点。

A. 维护调试方便　　B. 可靠性高　　C. 性价比差

2. ________不属于微机保护装置的开关量。

A. 断路器的合闸状态　　B. 继电器触点的通断状态　　C. 变压器油温的高低

答： 1. C　2. C

（三）计算题

1. 模拟信号的采样序列如何表示？设输入相电压、相电流分别为 $u(t)=U_m\sin(\omega_1 t+\varphi_U)$，$i(t)=I_m\sin(\omega_1 t+\varphi_U-\theta)$，并已知每基频周期采样点数 $N=12$，$U_m=\dfrac{100\sqrt{2}}{\sqrt{3}}\text{V}$，$I_m=5\sqrt{2}\text{A}$，$\omega_1=100\pi$，$\varphi_U=\theta=\dfrac{\pi}{12}$，要求写出一个基频周期采样值序列。

解　由 $\omega_1=2\pi f_1$，得

$$f_1=\frac{\omega_1}{2\pi}=\frac{100\pi}{2\pi}=50(\mathrm{Hz})$$

又由 $N=\frac{T_1}{T_2}=\frac{f_s}{f_1}$ 得

$$f_s=N\times f_1=600(\mathrm{Hz})$$

故 $T_s=\frac{1}{600}$。

故采样值序列为

$$u(n)=U_m\sin(\omega_1 nT_s+\varphi_U)=\frac{100\sqrt{2}}{\sqrt{3}}\sin\left(\frac{\pi}{6}n+\frac{\pi}{12}\right)$$

$$i(n)=I_m\sin(\omega_1 nT_s+\varphi_U-\theta)=5\sqrt{2}\sin\left(\frac{\pi}{6}n\right)$$

一个基频周期的采样值序列见表 8-1。

表 8-1　　一个基频周期的采样值序列

n	1	2	3	4	5	6
$u(n)$	57.73	78.87	78.87	57.73	21.13	−21.13
$i(n)$	3.536	6.124	7.071	6.124	3.536	0
n	7	8	9	10	11	12
$u(n)$	−57.73	−78.87	−78.87	−57.73	−21.13	57.73
$i(n)$	−3.536	−6.124	−7.071	−6.124	−3.536	0

2. 采用二采样值积算法，利用计算题 1 得到的采样值序列，计算电压幅值、电流幅值、有功功率、无功功率、电阻及电抗。

解　计算题 1 得到的采样值序列见表 8-1。

由 $u_m^2=u^2(n)+u^2\left(n+\frac{N}{4}\right)$，取 $n=1$，得到

$$U_m=\sqrt{u^2(1)+u^2(4)}=\sqrt{\left(\frac{100\sqrt{2}}{\sqrt{3}}\sin\frac{\pi}{4}\right)^2+\left(\frac{100\sqrt{2}}{\sqrt{3}}\sin\frac{3\pi}{4}\right)^2}=\frac{100\sqrt{2}}{\sqrt{3}}(\mathrm{V})$$

$$\varphi_U=\arctan\frac{u(1)}{u(4)}=\frac{\pi}{4}$$

同理，取 $n=1$ 得

$$I_m=\sqrt{i^2(1)+i^2(4)}=\sqrt{\left(5\sqrt{2}\sin\frac{\pi}{6}\right)^2+\left(5\sqrt{2}\sin\frac{2\pi}{3}\right)^2}=5\sqrt{2}(\mathrm{A})$$

$$\varphi_I=\arctan\frac{i(1)}{i(4)}=\frac{\pi}{6}$$

$$P=\frac{1}{2}U_m I_m\cos(\varphi_U-\varphi_I)=\frac{1}{2}\times\frac{100\sqrt{2}}{\sqrt{3}}\times 5\sqrt{2}\cos\left(\frac{\pi}{4}-\frac{\pi}{6}\right)=278.8(\mathrm{W})$$

或

$$P=\frac{1}{N}\sum_{k=1}^{N}u(k)i(k)=278.84(\mathrm{W})$$

$$Q=\frac{1}{2}U_{\mathrm{m}}I_{\mathrm{m}}\sin(\varphi_U-\varphi_I)=\frac{1}{2}\times\frac{100\sqrt{2}}{\sqrt{3}}\times 5\sqrt{2}\sin\left(\frac{\pi}{4}-\frac{\pi}{6}\right)=74.71(\mathrm{var})$$

或

$$Q=\frac{1}{N}\sum_{k=1}^{N}u(k+4)i(k)=74.71(\mathrm{var})$$

$$R=|Z|\cos(\varphi_U-\varphi_I)=\frac{U_{\mathrm{m}}}{I_{\mathrm{m}}}\cos(\varphi_U-\varphi_I)$$

$$=\frac{\frac{100\sqrt{2}}{\sqrt{3}}}{5\sqrt{2}}\cos\left(\frac{\pi}{4}-\frac{\pi}{6}\right)=11.15(\Omega)$$

或取 $n=4$，有

$$X=\frac{u\left(n-\frac{N}{4}\right)i\left(n-\frac{N}{4}\right)+u(n)i(n)}{i^2\left(n-\frac{N}{4}\right)+i^2(n)}=\frac{u(1)i(4)+u(4)i(1)}{i^2(1)+i^2(4)}$$

$$=\frac{57.73\times 6.124-57.73\times 3.536}{3.536^2+6.124^2}=2.99(\Omega)$$

第二部分　电力网继电保护原理实验指导

实验一　电磁型继电器特性实验

一、实验目的

1. 熟悉电磁型电流继电器、中间继电器、信号继电器的构造及工作原理。

2. 掌握电磁型电流继电器基本特性及调整方法。

二、实验内容

1. 认识电磁型继电器的内部结构，熟悉其动作过程。

2. 测定和校验启动电流、返回电流并计算返回系数。

3. 测定触点闭合时间，是否满足规程要求。

4. 掌握调整动作电流方法。

三、预习与思考

1. 动作电流、返回电流和返回系数的定义是什么?

2. 电流继电器的返回系数为什么小于1?

3. 如何调整动作电流?

4. 实验结果若返回系数不符合要求，如何正确调整?

四、原理说明

1. DL型电流继电器

DL型电流继电器（其结构见图9-1）用于发电机、变压器及输电线路的过负荷和短路的继电保护线路中，其内部接线如图9-2所示。该继电器是瞬时动作的电磁式继电器，当电磁铁线圈中有电流通过时，衔铁克服反作用力矩而处于动作状态。当电流升高至整定值（或大于整定值）时，继电器立即动作。常开触点闭合，常闭触点断开。当电流降低小于返回电流时，继电器立即返回，常开接点断开、常闭触点闭合。

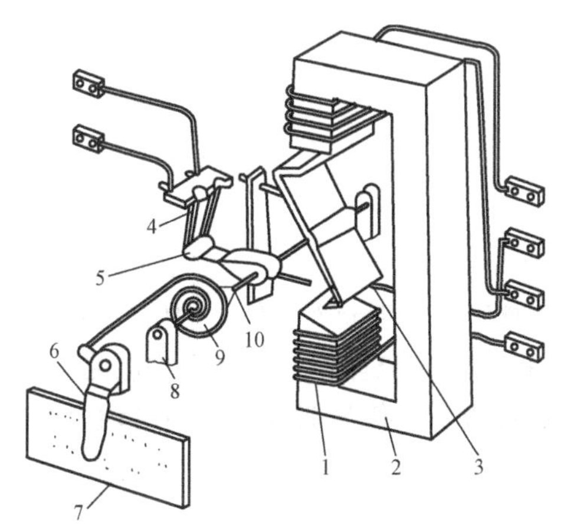

图9-1　DL型电流继电器结构图

1—磁铁；2—线圈；3—形舌片；4—弹簧；5—动触点；6—静触点；7—限制螺杆；8—刻度盘；9—定值调整把手；10—轴承

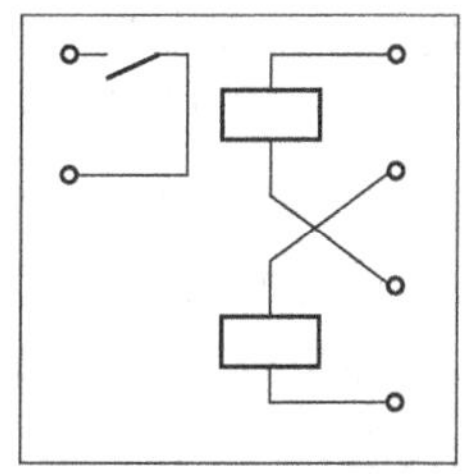

图9-2　内部接线

继电器铭牌上的刻度值为继电器线圈串联时的刻度值。

继电器线圈并联时，铭牌上的刻度值×2 为线圈实际通过的电流值。

转动刻度数上的指针，改变游丝的作用力矩，从而可以改变继电器的动作值。

过电流继电器在 1.2 倍整定值的动作时间不大于 0.15s，过电流继电器在 3 倍整定值时动作时间不大于 0.03s。

2. DZ 型中间继电器（小型）

DZ 型中间继电器（其结构见图 9-3）用于直流操作的各种保护和自动控制线路中，作为辅助继电器，以增加触点数量和触点容量，其内部接线如图 9-4 所示。

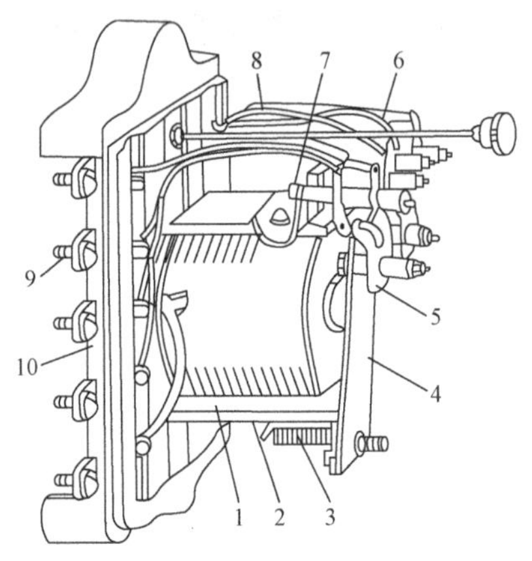

图 9-3 DZ 型中间继电器结构图

1—线圈；2—电磁铁；3—弹簧；4—衔铁；5—动触点；6、7—静触点；8—连接线；9—接线端子；10—底座

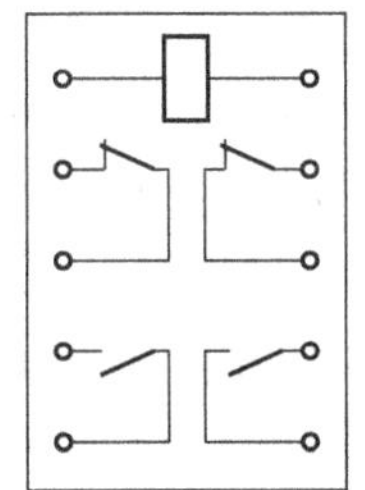

图 9-4 内部接线图

该继电器为电磁式动作继电器，当电压加在线圈两端时，衔铁向闭合位置运动，此时常开触点闭合，常闭触点断开。断开电源，衔铁在接触片的压力作用下，返回到原始状态，常开触点断开，常闭触点闭合。

动作电压：不大于额定电压的 70%。

返回电压：不小于额定电压的 5%。

动作时间：在额定电压下不大于 0.05s。

功率消耗：在额定电压下不大于 5W。

触点长期允许通过电流不大于 5A。

3. DX-31B 型信号继电器

信号继电器作为继电器保护装置和自动装置整组或个别元件动作后的信号指示。

DX-31B 型信号继电器（其结构见图 9-5）适用于直流操作的继电保护电路中，作为动作指示器，为信号钮弹出式。当线圈通电时衔铁被吸合，信号钮弹出，同时动合触点闭合，手动复归。其内部接线如图 9-6 所示。

主要技术参数：

继电器工作绕组额定值为：220，110，48，24，12V 或 0.01，0.015，0.02，0.025，0.04，0.05，0.075，0.08，0.1，0.15，0.2，0.25，0.5，0.75，1，2，4A。

动作值：动作电压不大于 70%额定电压；动作电流不大于 90%额定电流。

保持值：不大于 80%额定保持电压。

返回值：不小于 2%额定值。

功率消耗：电流绕组不大于 0.3W，电压绕组不大于 3W。

触点容量：220V 以下电流不超过 0.5A，直流有感电路（$T=5\times10\sim3$s）不大于 30W。220V 以下电流不超过 1A，交流电路不大于 100VA。

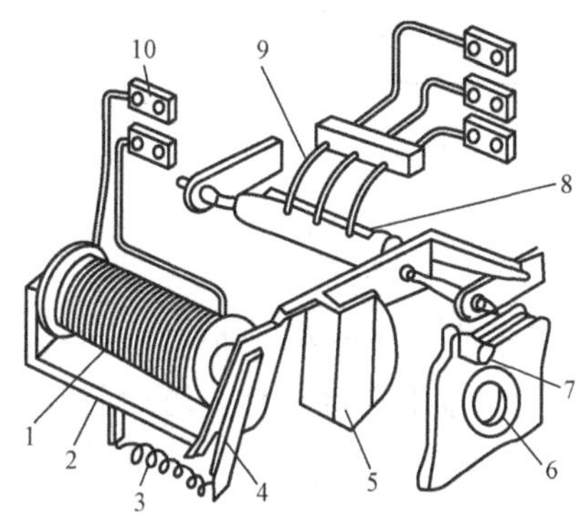

图 9-5　DX-31B 型信号继电器结构图

1—线圈；2—电磁铁；3—弹簧；4—衔铁；5—信号牌；6—玻璃窗孔；7—复位旋钮；8—动触点；9—静触点；10—接线端子

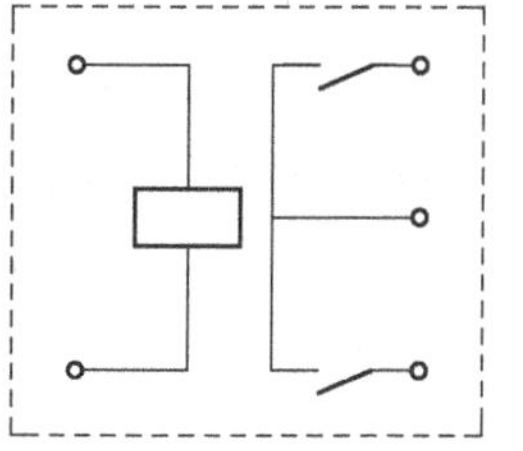

图 9-6　内部接线图

4. 动作电流

能使继电器动作的最小电流称为继电器的动作电流。继电器动作条件是通入继电器中的电流 I_r 大于动作电流 I_{op}。改变动作电流的方法有：

（1）改变继电器线圈的匝数。

（2）改变弹簧的反作用力矩。

（3）改变空气隙 δ。

5. 返回电流

能使继电器返回的最大电流称为继电器的返回电流。

继电器返回条件是通入继电器中的电流 I_r 小于返回电流 I_{re}。

6. 返回系数

返回电流 I_{re}与动作电流 I_{op}的比值称为返回系数 K_{re}，即：$K_{re}=\dfrac{I_{re}}{I_{op}}$。

对反应电量增大而动作的继电器 $K_{re}<1$；对于反应电量数减小而动作的继电器 $K_{re}>1$。调整返回系数的方法有：

（1）调整舌片的起始角和终止角。

（2）更变舌片两片两端的弯曲程度。

（3）适当的调整触点压力。

五、实验接线及主要设备

实验接线如图 9-7 所示，主要设备见表9-1。

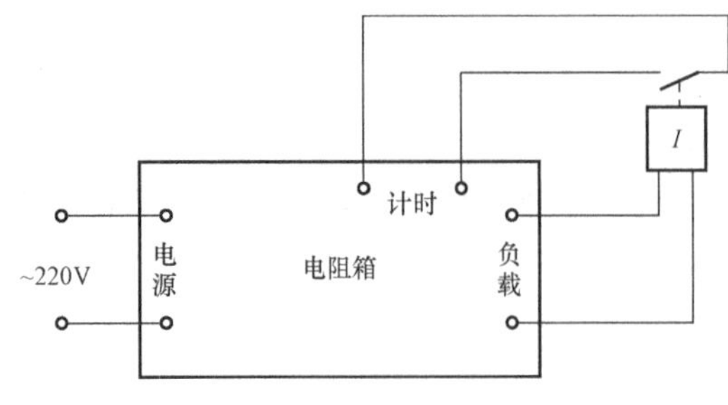

图 9-7　实验接线图

表 9-1　　主　要　设　备

名　称	型号与规格	数　量
电阻箱	0～5A	1
电流继电器	DL-31 型	1

六、实验步骤及方法

1. 按实验接线图接好线，电流整定值调整好。

2. 逆时针调整电阻箱的电流旋钮使电流处于最小值，准备测定动作电流及返回电流。

3. 接通电源，合上电阻箱控制开关和负荷开关，按下启动按钮，顺时针调整电阻箱的电阻旋钮，逐渐增大电流，使继电器刚好动作，此时继电器触点闭合，计时器停止计时，读取此动作电流。

4. 按下停止按钮，断开控制开关，计时器归零。重新接通电源，计时器停止计时所显示的时间为继电器的动作时间。而后减小电流，待触点打开为止，此电流为返回电流。重新测量动作电流、动作时间、返回电流，每个电流值测三次，并记录其动作时间，取平均值。返回系数要在 0.85～0.9 之间才算合格。

5. 测 1.5 倍动作电流的动作时间及 2 倍动作电流的动作时间。把回路中的电流调整到 1.5 倍的电流整定值，测此时的继电器动作时间 3 次。再把回路中的电流调整到 2 倍的电流整定值，测此时的动作时间 3 次。规程规定动作电流的 1.5 倍时的动作时间不超过 0.15s，2 倍时的动作时间不超过 0.02s。

6. 填写继电器特性测试记录表格（见表 9-2）。

表 9-2　　继电器特性测试记录表格

整定电流值	实测次数	实测起动电流	实测返回电流	返回系数	动作时间	1.5 倍动作时间	2 倍动作时间	刻度合格否
1.8A								
2.4A								

七、实验注意事项

1. 计时器不能带电归零。

2. 进行实验时，应先估算电流值。

实验二　过电流继电器特性实验

一、实验目的

1. 掌握反时限电流保护基本工作原理。

2. 熟悉反时限电流继电器基本特性。

二、实验内容

1. 认识反时限电流继电器的构造。

2. 测定和校验动作电流、返回电流并计算返回系数。

3. 测定反时限特性。

4. 测定速断特性。

三、预习与思考

1. 什么叫反时限电流继电器的启动?

2. 反时限电流继电器的动作特性具有什么特点?

3. 什么叫 10 倍动作电流时间?

4. 如何调整动作电流?

四、原理说明

反时限电流继电器可作为电机、变压器及线路的过负荷和多相短路保护用，并适用于交流操作。电磁型感应电流继电器由两组元件构成，一组为感应元件，另一组为电磁元件。

当继电器的线圈中通过电流时，电磁铁在铝盘上产生电磁转矩，使铝盘切割永久磁铁的磁通，匀速转动。当通过继电器线圈中的电流增大到继电器的动作电流时，铝盘受力增大，克服弹簧阻力，框架顺时针偏转，铝盘前移，使蜗杆与扇形齿轮啮合，这就叫继电器的感应系统动作。

通过铝盘继续转动，使扇形齿轮顺着蜗杆上升，最后使触点闭合，同时使信号牌掉下，从观察孔内可看到红色或白色的信号指示，表示继电器已经动作。从继电器感应系统动作到触头闭合的时间就是继电器的动作时限。

通入继电器线圈的电流越大，铝盘转得越快，扇形齿轮沿蜗杆上升的速度也越快，因此动作时间越短，这就是感应式电流继电器的“反时限特性”。

五、主要设备及实验接线

实验接线如图 9-8 所示，主要设备见表 9-3。

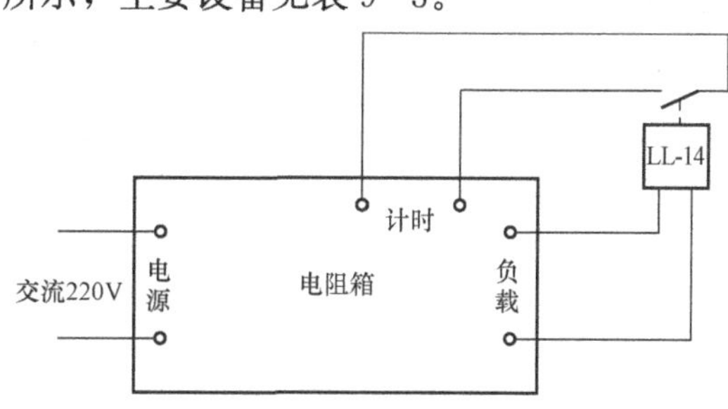

图 9-8　实验接线图

表 9-3 主 要 设 备

名　称	型号与规格	数　量
过电流继电器	LL-14B 型	1
电阻箱	0～5A	1

六、实验步骤及方法

1. 动作电流的校验及返回电流的测定：按电路线路接好线。将电流插孔整定于某一位置，不考虑延时调整指针位置，将瞬动旋钮整定于最大位置，将电阻箱的电流调至最低。

将电源合上，然后渐渐减少电阻值，增加电流。当小灯刚刚亮时的那瞬间电流为动作电流。然后再逐渐减少电流，当小灯刚刚灭时的电流为返回电流。计算返回系数。如此测 3 次。返回系数必须在 0.7 以上，在超高压系统中或重要设备的继电器要求在 0.85 以上。

2. 校验 10 倍动作电流为 8s 与 16s 的两条动作曲线。首先将延时调整指针调至 8s。接通电源，按下电阻箱控制开关、负荷开关和启动按钮，通过改变电阻箱的电阻旋钮，逐渐增大电流，使其达到所需要的电流值。然后按下停止按钮，断开控制开关，计时器归零，重新接通电源，计时器停止计时所显示的时间为实测动作时间。填写实验结果记录表（见表 9-4），并绘制感应电流继电器时间特性曲线。

测 10 倍动作电流为 16s 的动作曲线与上述步骤相同。

3. 速断特性的测定。首先将瞬动旋钮调至“2”，将电阻箱上的计时插孔与继电器的瞬动触点相连。然后接通电源，将逐渐增大电流，使其达到所需电流值。再重新合上电源，观察继电器的速断特性。

表 9-4 LL-14 型感应电流继电器实验结果记录表

10 倍动作电流为 8s	整定值（A）	2	2	2	2	2	2
	启动电流倍数	1	1.3	1.7	2	2.3	2.6
	实测动作时间（s）						
10 倍动作电流为 16s	整定值（A）	2	2	2	2	2	2
	启动电流倍数	1	1.3	1.7	2	2.3	2.6
	实测动作时间（s）						

七、实验注意事项

1. 计时器不能带电归零。

2. 进行实验时，应先估算电流值。当电流达到 4A 以上时，测完时间马上关闭开关，以防电阻箱过热，烧毁电阻箱。

实验三　两段式电流保护配合实验

一、实验目的

1. 熟悉无时限电流速断保护和过电流保护原理。

2. 掌握两段式电流保护的整定配合。

二、实验内容

1. 设计两段式过流保护模拟实验线路。

2. 对各段保护的动作电流及时限进行整定。

3. 模拟各点故障，分析保护动作过程。

三、预习与思考

1. 什么是电流速断保护？什么是过电流保护？

2. 电流速断保护、过电流保护如何进行动作电流整定计算？

3. 电流速断保护、过电流保护的保护范围如何？

4. 电流速断保护与过电流保护如何进行整定配合？

四、原理说明

无时限电流速断保护是以躲过被保护线路外部短路时最大短路电流为整定的原则，它是靠动作电流的整定获得选择性，一般情况下速断保护只保护被保护线路的一部分，动作时限由继电器的固有动作时间决定。

过电流保护则同时依靠动作电流和动作时间获得选择性，动作电流按线路上的最大负荷进行整定，它能够保护本线路的全部并延伸至下一条线路，动作时限要比下一条线路过电流保护的动作时限高出一个时间阶段 Δt。

五、主要设备及实验接线

实验模拟电路如图 9-9 所示，实验接线如图 9-10 所示，主要设备见表 9-5。

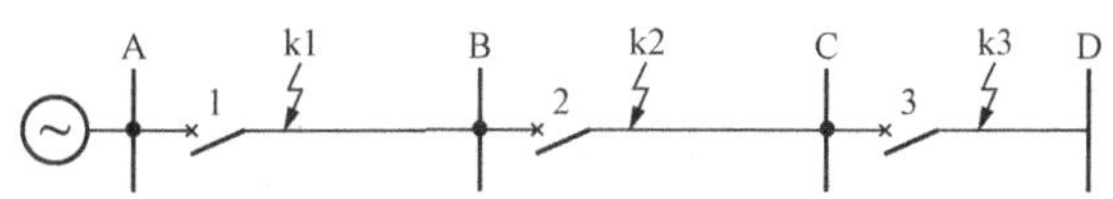

图 9-9　实验模拟电路图

六、实验步骤

1. 首先按实验线路接线。确定 I'_{op1}、I'''_{op1} 的值，把电流继电器整定好。

2. 确定整定时间 t'_1、t'''_{op1}，并把时间继电器的整定时间调整为该时间。

3. 先合交流电源，按下 SB1 启动按钮，打开电阻箱控制开关和负荷开关，再按下电阻箱启动按钮，分别确定 k1、k2、k3 三个短路点，调整交流回路电流。然后按下电阻箱停止按钮。合上直流电源，按下电阻箱启动按钮，观察各点短路时的保护配合情况。填写两段式电流保护测试记录表格（见表 9-6）。

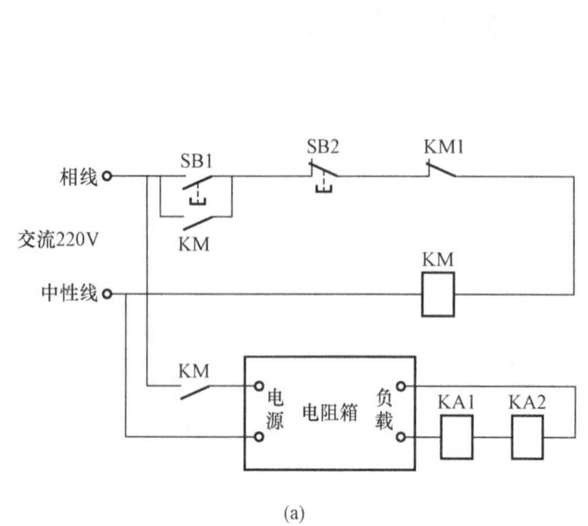

(a)

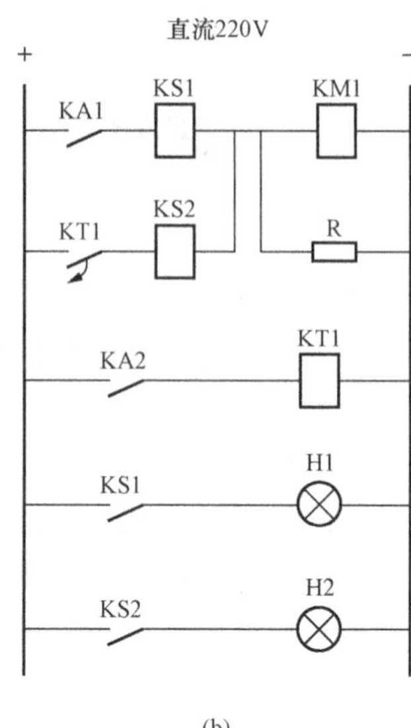

(b)

图 9-10 实验接线图

(a) 交流回路；(b) 直流回路

表 9-5　　主 要 设 备

名　　称	型　　号	数　　量
电流继电器	DL-31 型	2
时间继电器	DS-33C 型	1
中间继电器	DZ-2 型	1
信号继电器	DX-31B 型，0.025A	2
接触器	交流 220V	1
电阻箱	0～5A	1
信号灯		2
启动、停止按钮	SB1、SB2	1

表 9-6　　保护测试记录表格

短路点 项　目	k1	k2	k3
Ⅰ段整定值			
Ⅱ段整定值			
时间配合			
电路中的电流值			
是否具有选择性			

七、注意事项

1. 同一个接线柱的接线不要多于两条。

2. 信号继电器的额定电流为 0.025A。

实验四　三段式电流保护配合实验

一、实验目的

1. 熟悉无时限电流速断保护、限时电流速断保护和过电流保护的工作原理、工作特性和整定原则。

2. 掌握三段式电流保护的整定配合。

二、实验内容

1. 设计三段式过流保护模拟实验线路。

2. 对各段保护的动作电流及时限进行整定。

3. 模拟各点故障，分析保护动作过程。

三、预习与思考

1. 电流速断保护、限时电流速断保护和过电流保护如何进行动作电流整定计算?

2. 电流速断保护、限时电流速断保护和过电流保护的保护范围如何?

3. 三段式电流保护为什么要使各段的保护范围和时限特性相配合?

4. 断路器 QF 用什么元件模拟的? 说明控制回路合闸时及保护动作后跳闸时的电路工作原理。

四、原理说明

无时限电流速断保护是以躲过被保护线路外部短路时最大短路电流为整定的原则，它是靠动作电流的整定获得选择性，一般情况下速断保护只保护被保护线路的一部分，动作时限由继电器的固有动作时间决定。

限时电流速断保护是以躲过下一条线路无时限电流速断保护的动作电流为整定的原则，它是靠动作电流和动作时间的整定获得选择性，一般情况下限时电流速断保护能保护本条线路的全长及下一条线路首端一部分，动作时限高出下一条线路无时限电流速断保护动作时间阶段 Δt。

过电流保护则同时依靠动作电流和动作时间获得选择性，动作电流按线路上的最大负荷进行整定，它能够保护本线路的全部并延伸至下一条线路，动作时限要比下一条线路过电流保护的动作时限高出一个时间阶段 Δt。

五、主要设备及实验接线

实验主要设备见表 9-7。实验模拟电路如图 9-11 所示，实验接线如图 9-12 所示。

表 9-7　　主　要　设　备

名　　称	型　　号	数　　量
电流继电器	DL-31 型	3
时间继电器	DS-33C 型	2
中间继电器	DZ-2 型	1

续表

名　称	型　号	数　量
信号继电器	DX-31B型，0.025A	3
接触器	交流220V	1
电阻箱	0～5A	1
信号灯		3
启动、停止按钮	SB1、SB2	1

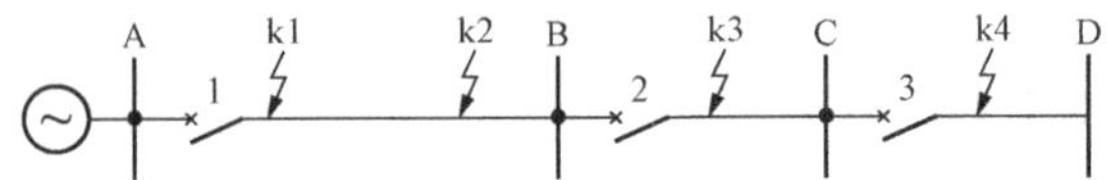

图9-11　实验模拟电路图

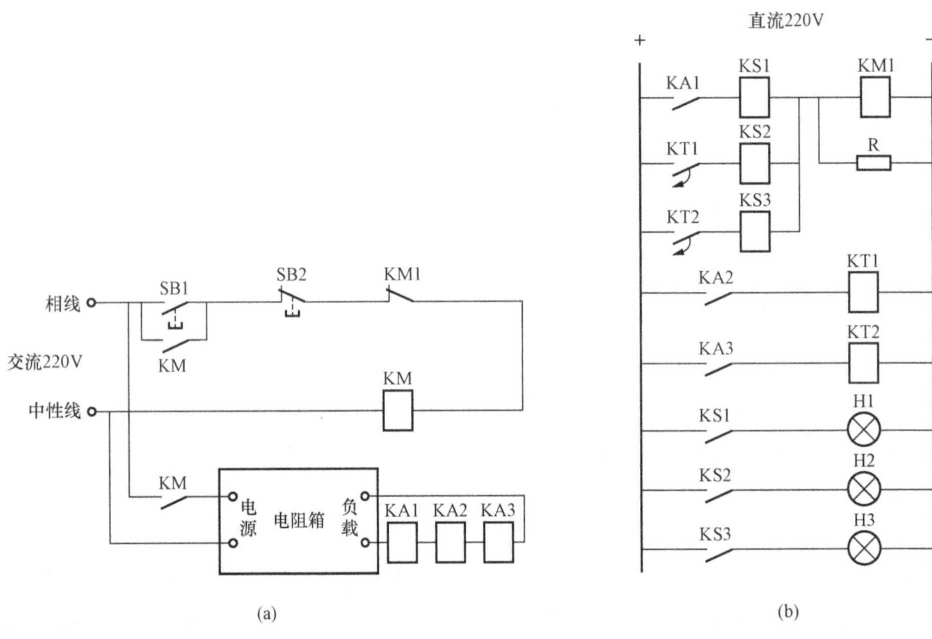

图9-12　实验接线图

(a) 交流回路；(b) 直流回路

六、实验步骤

1. 首先按实验线路接线，确定 I'_{op1}、I''_{op1}、I'''_{op1} 的值，把电流继电器整定好。

2. 确定整定时间 t'_1、t''_1、t'''_{op1}，并把时间继电器的整定时间调整为该时间。

3. 先合交流电源，按下SB1启动按钮，打开电阻箱控制开关和负荷开关，再按下电阻箱启动按钮，分别确定k1、k2、k3、k4四个短路点，调整交流回路电流。然后按下电阻箱停止按钮，断开交流电源。合上直流电源，按下电阻箱启动按钮，观察各点短路时的保护配合情况。填写三段式电流保护测试记录表格（见表9-8）。

表 9-8　　保护测试记录表格

项　目 \ 短路点	k1	k2	k3	k4
Ⅰ段整定值				
Ⅱ段整定值				
Ⅲ段整定值				
时间配合				
电路中的电流值				
是否具有选择性				

七、注意事项

1. 同一个接线柱的接线不要多于两条。
2. 信号继电器的额定电流为 0.025A。

实验五　功率方向继电器特性实验

一、实验目的

了解 LG-11 整流型功率方向继电器的构造，掌握 LG-11 型功率方向继电器的工作原理、工作特性及调整方法。

二、实验内容

1. 测定继电器的动作区、角特性及伏安特性。
2. 测定 LG-11 型继电器的动作电压、返回系数的和灵敏角。
3. 测定 LG-11 型继电器潜动情况。
4. 测定 LG-11 型继电器动作时间与返回时间。

三、预习与思考

1. 功率方向继电器有哪几种类型？整流型功率方向继电器有哪些特点？
2. 什么是功率方向继电器的动作区域？当以 U 为基准画相量图时，所得继电器的动作区域是否发现变比？
3. 什么是功率方向继电器的最大灵敏角？如何调节其数值？
4. 何为功率方向继电器的电压死区？何为功率继电器的电压潜动和电流潜动？
5. 什么是继电特性？整流型功率继电器的执行电路是如何构成继电特性？

四、实验设备及实验接线

实验接线如图 9 - 13 所示，主要设备见表 9 - 9。

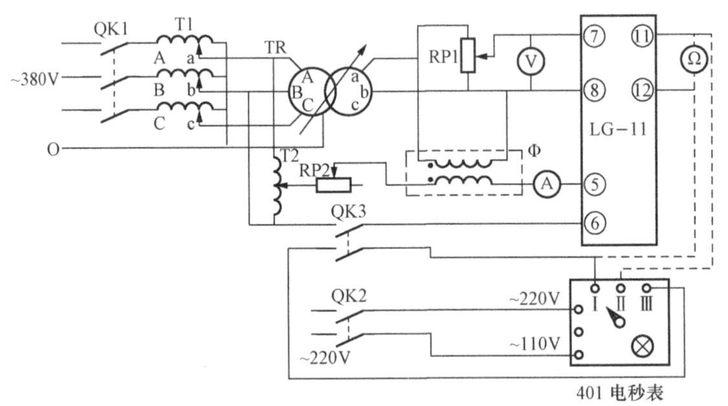

图 9 - 13　实验接线图

表 9 - 9　**主　要　设　备**

名　　称	型　　号	数　　量
三相自耦调压器	TSGC-10	1
单相自耦调压器	TDGC-2/250	1
相位表	D3-Φ	1

续表

名　称	型　号	数　量
移相器	TXSGA-1/0.5	1
交流电表	T15-A	1
晶体管毫伏表	DA-16	1
滑线变阻器	BX-391　1A 500Ω，BX 10A 10Ω	2
功率方向继电器	LG-11	1
相序表	XZ-10	1
电秒表	401 型	1
万用表	MF-93	1

五、实验步骤

1. 极性实验。将移相器调到 0°，合上 QK1，调自偶调压器，使 U=100V、I=1A，若继电器动作说明极性正确，否则应重新检查相序。

2. 继电器动作区的测定。在图 9-13 接线中，设定 I=5A，U=100V，然后调整移相器，找到其动作区的两个边缘（该继电器的动作范围小于 180°）。

3. 继电器的角特性实验。调整三相自偶调压器 T1，使其二次输出为 100V，并保持不变，固定加入继电器电流线圈电流等于 5A，测量在不同角度时的动作电压，绘制 $U_{op}=f(\varphi)$ 曲线。

实验时 φ 每隔 15°测试一次，测试结果记入表 9-10。

表 9-10　测试不同角度所对应的电压数据

φ													
U_{op}													

4. 伏安特性实验。$U_{op}=f(I)$。调节移相器使 $\varphi=\varphi_{max}$，调节自耦调压器及 R_1 测得在不同 I 时的动作电压值，并记入表 9-11 中。

表 9-11　测得最大灵敏角时的电流电压数据

I(A)	0.5	1	2	3	4	5	6	7	8	9	10
U_{op}(V)											

5. 动作电压和返回系数的测定。调整 I=5A 和 $\varphi=\varphi_{max}$ 并保持不变，调整滑线变阻器 RP1 直至继电器动作，测量继电器动作时的最小电压即为启动电压。再将 RP1 调至继电器返回，测得返回时的最大电压即为继电器的返回电压。

重复测量 5 次，计算其动作电压和返回电压的平均值，并计算返回系数 $K_{re}=U_{ar}/U_{av}$，要求返回系数不小于 0.5，测量结果记入表 9-12 中。

表 9-12 测试不同的电流所对应动作电压数值

动作电压 U_{op}					
动作电压平均值 U_{av}					
返回电压 U_{re}					
返回电压平均值 U_{ar}					
返回系数 $K_{re}=U_{ar}/U_{av}$					

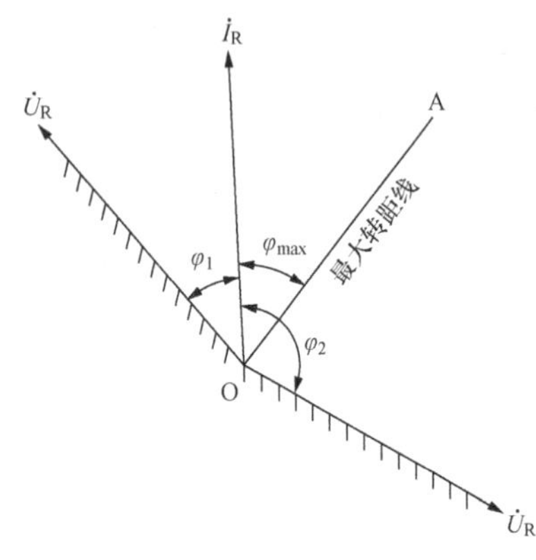

图 9-14 功率方向继电器最大灵敏角

6. LG-11 型继电器灵敏角测定。先将 RP1 调到最大位置，RP2 调到中间位置，T1 和 T2 调到零位。然后合上 QK1，调节 T1 使毫伏表指示为 100V，调节 T2，使电流表读数为 5A。最后调节移相器 TR，从相位表中读出动作时的边界角 φ_1 和 φ_2，作 φ_1 和 φ_2 的角平分线 OA（如图 9-14 所示），OA 与 I_R 的夹角即为继电器的最大灵敏角 φ_{max}。

7. 潜动实验。

（1）电流潜动，电压回路端子⑦、⑧经过 20Ω 电阻短接，电流回路通入额定电流，测量极化继电器线圈（即⑨、⑩端子）上的电压，调整 RP1 使之为零（或不大于 0.1V）。

（2）电压潜动，在电压回路加电压 100V，将电流回路开路，测量极化继电器线圈上电压，调整 RP2 使电压为零。

在上述条件下突然加入（或切除）10 倍额定电流或 100V 电压，继电器触点不应有瞬间闭合现象。若发现有瞬时接通现象，可更换比较回路电阻或电容，使制动回路电容放电时间常数不小于工作回路电容放电时间常数。更换后应重新进行潜动调整。

8. 动作时间与返回时间的测定。按实验接线图将 401 电秒表接好，调整电流回路电流为 5A，电压回路电压为 5 倍动作电压（该继电器动作电压为 2V）。调整电流与电压的相位差角 φ，使 $\varphi=\varphi_{max}$。然后合上 QK2，再合上 QK3，测得继电器的动作时间。测量 5 次取平均值，返回时间测定需将 401 电秒表Ⅰ、Ⅱ端子接 QK3 两侧，Ⅰ、Ⅱ端子接继电器动合触点⑪、⑫，操作过程与测动作时间相同。

单相相位表的具体使用及读数见表 9-13。

表 9-13 单相相位表的具体使用及读值

开关位置	测 量 范 围	读 数 方 法
负载电感	$\varphi=0°\sim90°$	直读
发电机电容	$\varphi=90°\sim180°$	$\varphi=180°-\theta$
发电机电感	$\varphi=180°\sim270°$或$\varphi=-180°\sim-90°$	$\varphi=180°+\theta$或$\varphi=-(180°-\theta)$
负载电容	$\varphi=270°\sim360°$或$\varphi=-90°\sim0°$	$\varphi=360°-\theta$或$\varphi=-\theta$

六、注意事项

1. 自耦调压器、移相器一、二次不能接反。
2. 三相自耦调压器二次电压不能超过 100V。
3. 同名端不能接错。
4. 注意毫伏表的量程。

实验六　方向阻抗继电器特性实验

一、实验目的

1. 了解并掌握 LZ-21 整流型方向阻抗继电器的构成，工作原理、特性及调整方法。

2. 掌握技术参数的测试，工作特性曲线和工作特性圆的录制方法及其整定测试技能。

二、实验内容

1. 测定继电器的动作特性。

2. 测定继电器的最大灵敏度角。

3. 测定继电器最小整定阻抗值。

4. 测定继电器最小精确工作电流。

三、预习与思考

1. 何为阻抗继电器的测量阻抗、整定阻抗、动作阻抗？它们之间有什么关系？

2. 方向阻抗继电器比全阻抗继电器灵敏，这种说法对吗？为什么？

3. 方向阻抗继电器为什么有死区？全阻抗继电器与偏移阻抗继电器为什么没有死区？消除死区的方法有哪些？

4. 为什么要选取方向阻抗最大灵敏角与线路的短路阻抗角相等？若两者有差异时有什么影响？

5. 何为阻抗继电器的精确工作电流？它有何意义？

6. 阻抗继电器中整定电抗便器 UX 的插孔位置改变时，继电器动作特性圆将如何变化？

四、方向阻抗继电器的参数

1. 额定参数

（1）电流回路。电抗变换器 UX 整定在 20 匝时，每相不大于 5VA。

（2）电压回路。电压变换器 UV 整定在 100%（99.5%）每一相不大于 25VA。

（3）交流额定电压 100V（相间）。

（4）交流额定电流 5A（或 1A）。

（5）额定频率 50Hz。

2. 整定值

（1）最大灵敏角为 65°、72°、80°三种，允许误差±5°偏差。

（2）电抗变换器 UX 分三个绕组；改变 UV 连接片位置及 UV 整定端子，可实现表 9-14 所示的几组整定值。

（3）精确工作电流。当 UX 取 20 匝，UX=100%（99.5%），两相短路情况下的精确工作电流不大于 0.4A。

（4）动作时间。在额定电流下，$0.7Z_{set}$时的动作时间不大于 30ms。在 3 倍精确工作电流下，$0.7Z_{set}$时的动作时间不大于 45ms。

（5）返回系数。UV 的变比整定在 10%～20%范围内时返回系数不大于 1.2；20%以上时不大于 1.15。继电器能承受 110%的额定电压和 120%的额定电流长期运行。

表 9-14　　电抗变换器整定值及具体连接方法

阻抗整定值	UX 匝数	连接示意图
0.2	2	
0.4	4	
0.6	6	
0.8	8	
1.0	10	
1.2	12	
1.4	14	
1.6	16	
1.8	18	
2.0	20	

五、实验内容与步骤

在实验前先用相序表校验电源相序，相序正确后方可按图 9-15 进行接线实验。

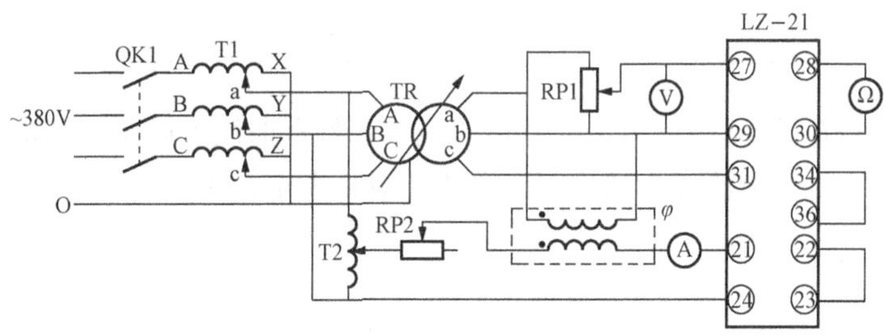

图 9-15　实验接线图

1. 电器特性曲线实验。

(1) LZ-21 继电器端子说明：

作Ⅰ段测量元件时，34、36 号端子短接；

作Ⅱ段测量元件时，34、38 号端子短接；

作功率方向元件时，34、40 号端子短接。

28 与 30 号端子为 LZ-21 继电器出口的动合触点；

28 与 32 号端子为 LZ-21 继电器的出口的动断触点。

（2）连接 34、36 号端子，将 UV 整定为 99.5%，UX 整定为 20 匝，调整电流回路电流为 $I_N=5A$，调整三相调压器 T1，使二次电压为 100V，并保持不变。用移相器改变电流与电压之间的相位角 φ，每隔 10°～15°测量一次，调整滑线变阻器 RP1，同时测量继电器的动作电压 U_{op} 并记入表 9-15 中，计算资料值 $Z_{op}=U_{op}/2I_N$，绘制 $Z_{op}=f(I)$ 曲线。

表 9-15　测试不同角度时的动作电压及阻抗

φ												
U_{op}(V)												
Z_{op}(Ω)												

2. 最大灵敏度角的测定。调节 UV=99.5%，UX=20 匝，将 34、36 号端子短接。整定灵敏角连接片 XB 为，并调节 $I_N=5A$，调整电压回路电压为 $U_{op}=0.85\times 2I_NZ_{set}$，调整移相器 TR，测得动作的边界角 φ_1 和 φ_2，并计算出最大灵敏角 φ_{max}，$\varphi_{max}=(\varphi_1+\varphi_2)/2$。分别改变灵敏角整定值为 72°、65°时，再测出各自的边界角 φ_1 和 φ_2，分别计算最大灵敏角 φ_{max} 值。

3. 最小整定阻抗值测定。调节 UV=99.5%，UX 按表 9-14 中阻抗整定值连接，34、36 号端子短接，保持电流回路电流 $I_N=5A$，电流和电压间的相位角 $\varphi=\varphi_{max}$ 不变，测得动作电压 U_{op}，计算最小动作阻抗 $Z_{min}=U_{op}/2I_N$。改变 UX 的匝数可得到不同的阻抗整定值。

4. 最小精确工作电流测定。连接 34、36 号端子测量Ⅰ段，整定 UV=99.5%，UX=20 匝，整定电流和电压的相位角 $\varphi=\varphi_{max}$，按表 9-16 改变电流回路的电流 I，测其各点动作电压，并计算其动作阻抗，绘制 $Z_{op}=f(I)$ 曲线找到最小工作电流。

表 9-16　在最大灵敏角时测试数据

I(A)	10	5	4	3	2	1	0.9	0.8	0.7	0.6	0.5	0.4
U_{op}(V)												
Z_{op}(Ω)												

按 $Z_{min}=U_{op}/2I_{IN}$ 绘制 $Z_{op}=f(I)$ 特性曲线，在特性曲线上确定精确工作电流，当动作阻抗 Z_{op} 为 90%Z_{set} 时的电流即为精确工作电流，应不大于 0.4A。

实验七　自动重合闸装置实验

一、实验目的

1. 了解自动重合闸装置在电力系统中的作用。

2. 熟悉自动重合闸装置在各种状态下的工作情况。

二、实验内容

1. 认识自动重合闸装置的构造。

2. 测定自动重合闸装置的工作原理。

三、预习与思考

1. 自动重合装置主要组成元件是什么？各起什么作用？

2. 三相一次自动重合闸为什么只能重合一次？

3. 自动重合闸 1KM 的触点 1KM1～1KM3 为什么要串联？

四、原理说明

三相一次重合闸装置用于输电线路上实现三相一次自动重合闸，它是重要的保护设备。重合闸装置由一只时间继电器（作为时间元件）、一只中间继电器（作为中间元件）及一些电阻、电容元件组成。装置内部的元件及主要功能如下：

1. 时间继电器：该继电器由 DS-22 时间继电器构成，其延时调整范围为 1.2～5s，用以调整从重合闸装置启动到接通断路器合闸线圈实现断路器重合的延时，时间元件有一对延时常开触点和一对延时滑动触点及两对瞬时切换触点。

2. 中间继电器：该继电器是装置的出口元件，用以接通断路器的合闸线圈。继电器线圈由两个线圈组成：电压线圈，用于中间元件的起动；电流线圈，用于在中间元件起动后使衔铁继续保持在合闸位置。

3. 电容器 C：用于保证装置只动作一次。

4. 充电电阻 4R：用于限制电容器的充电速度。

5. 附加电阻 5R：用于保证时间元件的线圈热稳定性。

6. 放电电阻 6R：在需要实现分闸，但不允许重合闸动作（禁止重合闸）时，电容器上储存的电能经过它放电。

7. 信号灯 H1：在装置的接线中，监视中间继电器的触点和控制按钮的辅助触点是否正常。故障发生时信号灯应熄灭，当直流电源发生中断时，信号灯也应熄灭。

8. 附加电阻 17R：用于降低信号灯上的电压。

在输电线路正常工作的情况下，重合闸装置中的电容器 C 经电阻 4R 已经准备动作状态。当断路器由于保护动作或其他原因而跳闸时，断路器的辅助接点启动重合闸装置的时间继电器，经过延时后其触点闭合，电容器 C 对中间继电器电压线圈放电，电压线圈启动后接通了中间继电器电流线圈回路并自保持到断路器完成合闸。如果线路上发生的是暂时性故障，则合闸成功后，电容器自行充电，装置重新处于准备动作的状态。如线路上存在永久性故障，此时重合闸不成功，断路器第二次跳闸，但这一段时间远远小于电容器充电到使中间继电器电压线圈启动所必须时间（15～25s），因而保证装置只动作一次。

五、主要设备及实验接线

实验接线如图 9-16 所示，主要设备见表 9-17。

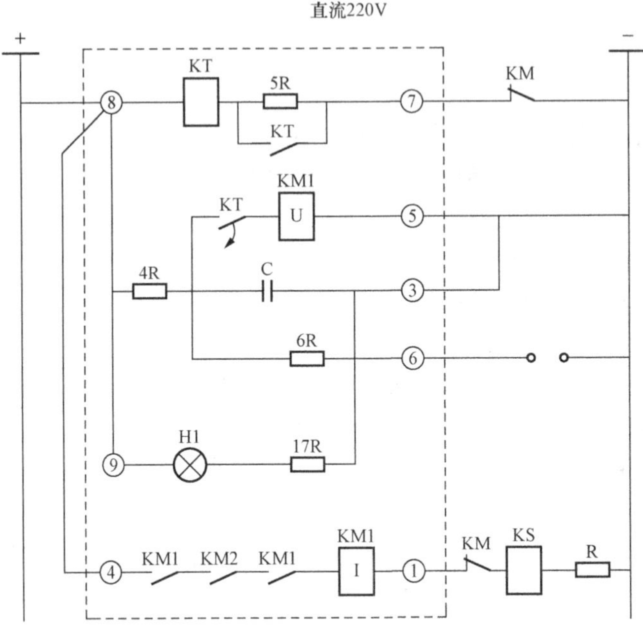

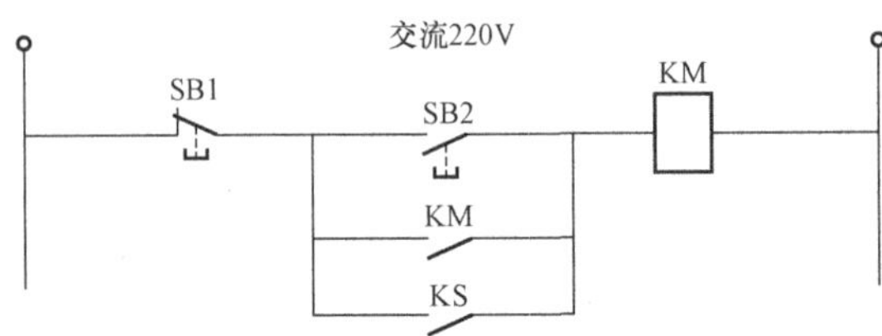

图 9-16 实验接线图

表 9-17 主 要 设 备

名 称	型号及规格	数 量
DCH-1 自动重合闸	DCH-1 型直流 220V、0.25A	1
电阻箱	0～5A	1
信号继电器	DX-31B 0.25A	1
启动、停止按钮		1
交流接触器		1

六、实验步骤

1. 按实验电路线路接好线。

2. 模拟正常运行情况，先接通交流电源，按下启动按钮。然后接通直流电源，观察重合闸继电器的充电时间。

3. 模拟发生瞬时性故障。重合闸继电器充好电后，按下停止按钮，观察重合闸继电器的动作情况。

4. 模拟发生永久性故障。在上步中，重合闸动作后，交流接触器 KM 得电，如此时再按下停止按钮，观察交流接触器 KM 能否再次得电。

5. 模拟手动合闸于故障线路。

七、注意事项

1. 自动重合闸的⑧、⑨接线柱内部已接线，不需外接线。

2. 自动重合闸的⑥号接线柱不需接。

3. 自动重合闸的④、⑧号接线柱需接在一起。

实验八　自动重合闸与电流保护配合实验

一、实验目的

1. 掌握自动重合闸后加速保护的基本原理。

2. 熟悉自动重合闸后加速保护在各种状态下的动作情况。

二、实验内容

1. 设计自动重合闸后加速保护模拟实验线路。

2. 对过电流保护的动作电流及时限进行整定。

3. 模拟故障情况，分析保护动作过程。

三、预习与思考

1. 自动重合闸后加速保护用到哪些继电器？各起什么作用？

2. 当线路发生故障时，由哪几个继电器及其触点首先按正常的继电保护动作时限有选择性地作用于断路器跳闸？

3. 重合于永久性故障时，保护再次启动，此时由哪几个继电器及其触点共同作用，实现后加速？

四、原理说明

自动重合闸后加速，就是当线路发生故障时，首先保护有选择性动作切除故障，重合闸进行一次重合。若重合于瞬时性故障，则线路恢复供电：如果重合于永久性故障上，则保护装置加速动作，瞬时切除故障。即当输电线路上发生故障时，首先过电流继电器动作，通过时间继电器延时启动保护出口继电器，即继电保护有选择性地动作，然后重合闸进行重新合闸，与此同时，将加速继电器启动，其常开触点瞬时闭合而延时返回。若发生的是永久性故障，则过电流保护再次启动，这时通过加速继电器的常开触点瞬时起动保护出口继电器，切除故障。

五、实验主要设备（见表9-18）

表9-18　　主　要　设　备

名　称	型号及规格	数　量
自动重合闸	DCH-1型直流220V、0.25A	1
电阻箱	0～5A	1
信号继电器	DX-31B型0.25A	1
启动、停止按钮		1
交流接触器		1
电流继电器	DL-31型	1
时间继电器	DS-33C型	1
中间继电器	DZS-12B型	1

六、实验接线（自行设计）

实验九　变压器差动保护实验

一、实验目的

1. 了解变压器保护装置的构成、接线原理和调整方法，提高调试技能。

2. 熟悉变压器保护装置的盘面元件布置及盘后接线。观察变压器保护装置的动作情况及操作方法。

二、实验内容

1. 按实验接线图、原理接线图及主电路图接好相应连线。

2. 测定定时限保护。首先根据小变压器、电流互感器的参数确定定时限过电流保护装置的启动电流，然后对电流继电器进行整定，时间继电器的延时时间设为2s。

3. 测定差动保护。根据小变压器、互感器参数，对差动继电器进行整定计算（具体整定可参阅教科书相应章节），确定差动继电器各绕组匝数。

4. 测定过负荷保护。根据变压器额定电流，计算过负荷整定值，并对相应继电器进行整定。

三、预习与思考

1. 了解实验室内变压器保护装置与现场实际有何区别。

2. 实验室内高压短路是如何模拟的？

3. 总降压变电站主变压器有几种保护方式？

4. 何为变压器的主保护？何为变压器的后备保护？

5. 何为气体保护的保护范围？

四、主要设备及实验接线

实验主要设备见表9-19。变压器保护实验接线如图9-17所示，变压器保护二次回路原理接线如图9-18所示，变压器保护模拟主电路原理接线如图9-19所示。

表9-19　　主　要　设　备

名　称	型号及规格	数　量
变压器成套保护系统屏	PB-1（自制）	1
三相小变压器	380V/100V，3kVA，yd11	1
滑线变阻器	BX	3
双投开关	HK	1
交流电流表	T15-A	1
互感器	T1-10/5，T-10/5，T3-20/5	1

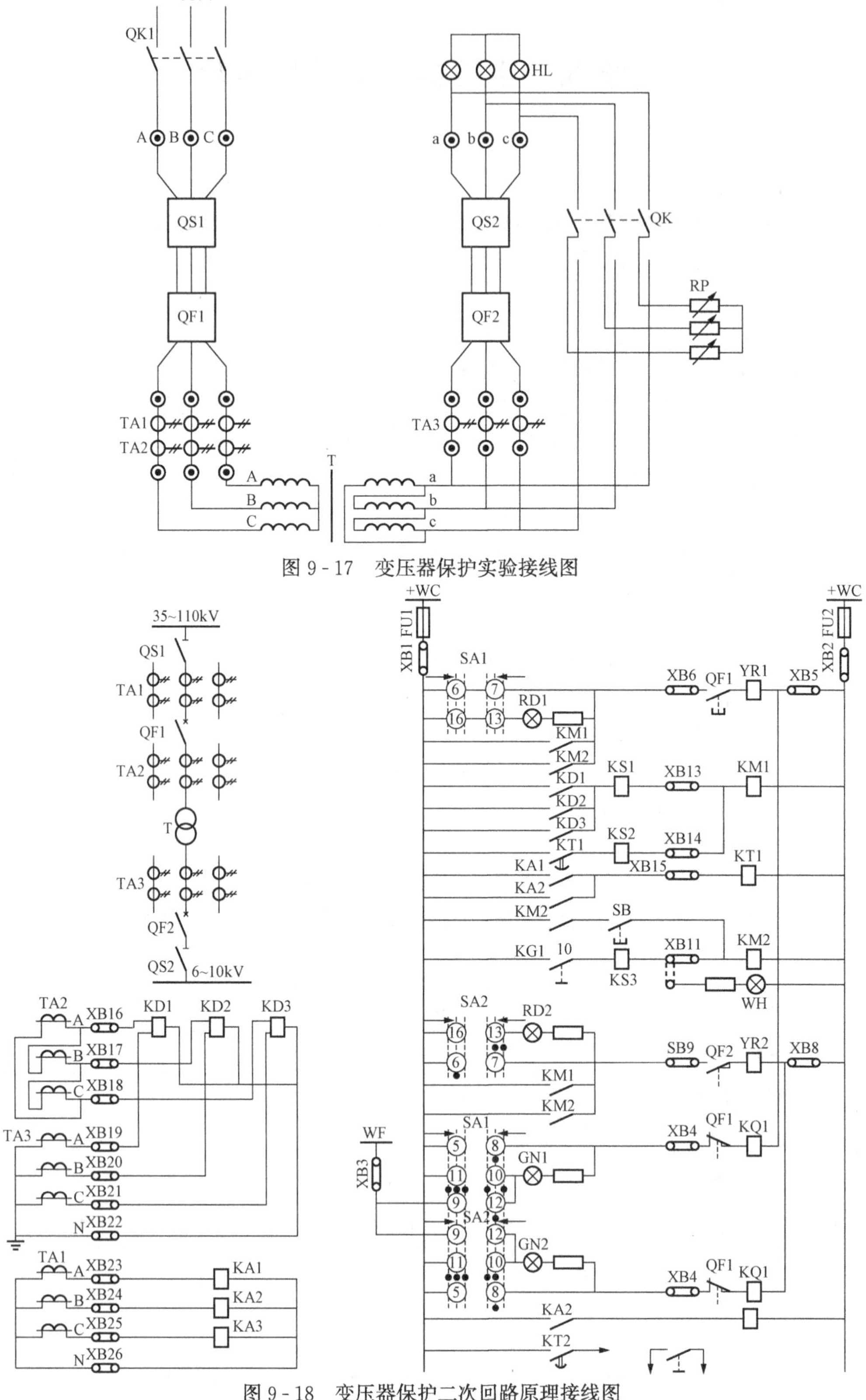

图 9-17 变压器保护实验接线图

图 9-18 变压器保护二次回路原理接线图

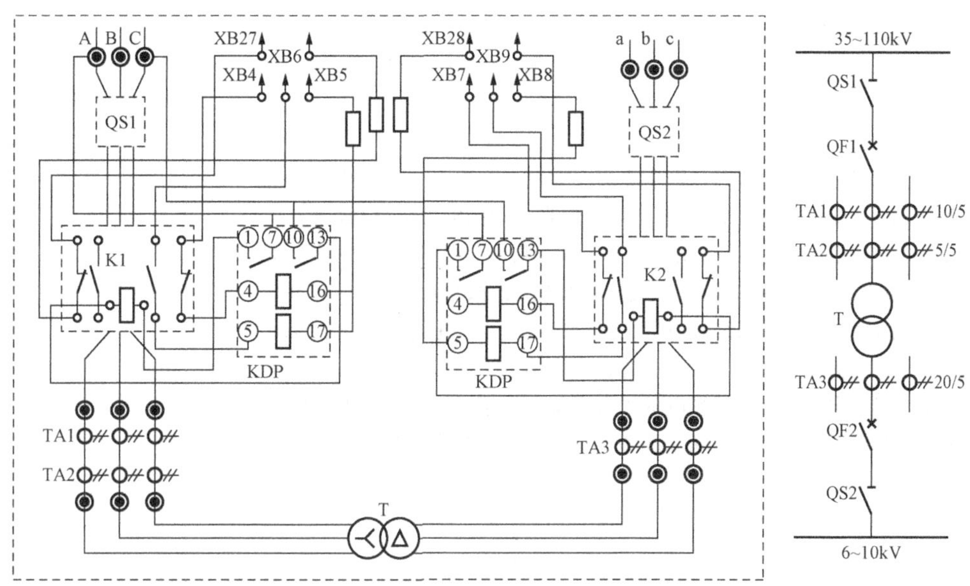

图 9-19　变压器保护模拟主电路原理接线图

五、实验步骤

1. 根据变压器保护原理接线图，在系统屏上找出各元件的实际位置，了解其规格、型号及其作用。

2. 经检查无误后，方可合上交直流电源。合上 QF1、QF2 的控制开关 SA1、SA2，三相负载灯亮表示变压器正常工作。

3. 观察各种保护装置的动作情况。

(1) 过电流保护。调节三相滑线电阻，使其数值达到过流继电器启动值（三相动作要平衡），然后将双投开关投向互感器以外负载侧，并观察保护的动作情况。

(2) 差动保护。根据前面整定数据确定各绕组匝数后，以同样的操作顺序使变电器处于正常供电，之后将双投开关投向变压器出口侧（即互感器以内），观察保护装置动作情况。

(3) 过负荷保护。将滑线变阻器调到变压器过负荷启动数值，使变压器处于正常供电，然后将双投开关投到负载侧，观察保护装置动作情况。

(4) 气体保护。线路正常供电时，模拟气体继电器动作，只需将 10 号端子用一导线短接，相当于气体继电器动作。观察保护装置动作情况。

参 考 文 献

[1] 孙国凯，田有文．电力网继电保护原理．北京：中国电力出版社，2008.
[2] 贺家李．电力系统继电保护原理．4 版．北京：中国电力出版社，2009.
[3] 张保会，尹项根．电力系统继电保护．2 版．北京：中国电力出版社，2005.
[4] 刘学军．继电保护原理．3 版．北京：中国电力出版社，2012.
[5] 张保会，潘贞存．电力系统继电保护习题集．北京：中国电力出版社，2008.
[6] 刘学军．继电保护原理学习指导．北京：中国电力出版社，2006.
[7] 梁振锋，康小宁．电力系统继电保护习题集．北京：中国电力出版社，2008.
[8] 吴必信．电力系统继电保护同步训练．北京：中国电力出版社，2004.